计算机信息安全
与人工智能应用

唐　婷　张　溪　董丽娟　著

中国原子能出版社

图书在版编目（CIP）数据

计算机信息安全与人工智能应用 / 唐婷，张溪，董丽娟著. -- 北京 ：中国原子能出版社，2024. 12.

ISBN 978-7-5221-3953-1

Ⅰ. TP309；TP18

中国国家版本馆 CIP 数据核字第 2024HB0433 号

计算机信息安全与人工智能应用

出版发行	中国原子能出版社（北京市海淀区阜成路 43 号　100048）	
责任编辑	张　磊	
责任印制	赵　明	
印　　刷	北京厚诚则铭印刷科技有限公司	
经　　销	全国新华书店	
开　　本	787 mm×1092 mm　1/16	
印　　张	16.75	
字　　数	248 千字	
版　　次	2024 年 12 月第 1 版　2024 年 12 月第 1 次印刷	
书　　号	ISBN 978-7-5221-3953-1　　　　定　价　89.00 元	

前　言

随着信息技术的飞速发展，计算机网络已广泛普及，信息的传播与共享变得前所未有的便捷。然而，这也使得信息安全面临着日益严峻的挑战。黑客攻击、数据泄露、恶意软件等安全威胁层出不穷，给个人、企业乃至国家的信息资产带来了巨大的风险。在这样的背景下，计算机信息安全作为一门综合性学科，涵盖了计算机科学、网络技术、通信技术、密码学等多个领域，旨在通过各种技术手段和管理措施，保障信息的保密性、完整性和可用性。

人工智能技术在近年来取得了令人瞩目的成就，其强大的数据分析、模式识别、自主学习等能力，为解决复杂的信息安全问题提供了新的思路和方法。例如，机器学习算法可以通过对大量历史数据的学习和分析，自动识别异常行为和潜在的安全威胁，从而实现更精准的入侵检测和风险预警；深度学习技术则能够对海量的网络数据进行深度挖掘，提取出有价值的信息，为安全策略的制定和调整提供有力支持。

笔者在撰写本书的过程中，参考了许多资料以及其他学者的相关研究成果，在此对他们表示衷心的感谢。由于笔者水平有限，书中难免有错误和疏漏之处，在此敬请同行专家和读者批评指正。

目　录

第一章　计算机信息安全概述

第一节　信息安全的概念

一、计算机信息系统受到的威胁

由于计算机信息系统是以计算机和数据通信网络为基础的应用管理系统，因此它是一个开放式的互联网络系统，如果不采取安全保密措施，与网络系统连接的任何终端用户都可以访问网络中的资源。目前，计算机信息系统已经在金融、贸易、商业、企业甚至日常生活领域中得到了广泛的应用。它在给人们带来极大方便的同时，也为那些不法分子利用计算机信息系统进行经济犯罪提供了可能。全世界每年因不法分子利用计算机系统进行犯罪所造成的经济损失高达上千亿美元。在我国，利用计算机管理和决策信息系统从事经济活动起步较晚，但各种计算机犯罪活动已时有报道，并直接影响了计算机信息系统的普及。

归纳起来，计算机信息系统所面临的威胁分为以下几类。

（一）自然灾害

自然灾害主要指火灾、水灾、风暴、地震等的破坏，以及环境（温度、湿度、振动、冲击、污染）的影响。目前，部分计算机房并没有防震、防火、防水、避雷、防电磁泄漏或干扰等措施，接地系统也疏于考虑，抵御自然灾害和意外事故的能力较差，在日常工作中因断电而导致设备损坏、数据丢失的现象时有发生。

（二）人为或偶然事故

人为或偶然事故可能是工作人员的失误操作使得系统出错，信息遭到严重破坏或被别人窃取到机密信息，或者环境因素的忽然变化造成信息丢失或破坏。

（三）计算机犯罪

计算机犯罪是利用暴力或非暴力形式，故意泄露或破坏系统中的机密信息，以及危害系统实体和信息安全的不法行为。

对计算机信息系统来说，以下三个方面常常被人为的犯罪活动攻击。

1. 通信过程中的威胁

计算机信息系统的用户在进行信息通信的过程中，常常受到两方面的攻击：一是主动攻击，攻击者通过网络线路将虚假信息或计算机病毒输入信息系统内部，破坏信息的真实性与完整性，造成系统无法正常运行，严重的甚至使系统处于瘫痪状态；二是被动攻击，攻击者非法窃取通信线路中的信息，使信息的机密性遭到破坏，信息泄露而未被察觉，给用户带来巨大的损失。

2. 存储过程中的威胁

存储于计算机系统中的信息容易受到与通信线路同样的威胁。非法用户在获取系统访问控制权后，浏览存储介质上的机密数据或专利软件，并且对

有价值的信息进行统计分析，推断出所需的数据，这样就使信息的保密性、真实性、完整性遭到破坏。

3. 加工处理中的威胁

计算机信息系统一般都具有对信息进行加工分析处理的功能。而信息在进行处理的过程中，通常都是以原码形式出现的，加密保护对处理中的信息不起作用。因此，在此期间有意攻击和意外操作都极易使系统遭受破坏，造成损失。

（四）计算机病毒

计算机病毒是指编制或者在计算机程序中插入的破坏计算机功能或者毁坏数据，影响计算机使用，并能自我复制的一组计算机指令或者程序代码。

"计算机病毒"这个称呼十分形象，它像一个灰色的幽灵无处不在、无时不在。它将自己附在其他程序上，在这些程序运行时进入系统中扩散。一台计算机感染病毒后：轻则系统工作效率下降，部分文件丢失；重则系统死机或毁坏，全部数据丢失。

（五）信息战的严重威胁

信息战就是为了国家的军事战略而采取行动，取得信息优势，干扰敌方的信息和信息系统，同时保卫本方的信息和信息系统。这种对抗形式的目的不是集中打击敌方的人员或战斗技术装备，而是集中打击敌方的计算机信息系统，使其神经中枢似的指挥系统瘫痪。

信息技术从根本上改变了进行战争的方法，信息武器已经成为继原子武器、生物武器、化学武器之后的第四类战略武器。

二、计算机信息系统受到的攻击

（一）威胁和攻击的对象

按威胁和攻击的对象来划分，计算机信息系统受到的攻击可分为两类：

3

一类是对计算机信息系统实体的威胁和攻击；另一类是对信息的威胁和攻击。计算机犯罪和计算机病毒则包括了对计算机系统实体和信息两个方面的威胁和攻击。

1. 对实体的威胁和攻击

对实体的威胁和攻击主要指对计算机及其外部设备和网络的威胁及攻击，如各种自然灾害与人为的破坏、设备故障、场地和环境因素的影响、电磁场的干扰或电磁泄漏、战争的破坏、各种媒体的被盗和散失等。

信息系统实体受到威胁和攻击，不仅会造成国家财产的重大损失，而且会使信息系统中的机密信息严重泄露和被破坏。因此，对信息系统实体的保护是防止对信息的威胁和攻击的首要一步，也是防止对信息的威胁和攻击的天然屏蔽。

2. 对信息的威胁和攻击

对信息的威胁和攻击的后果主要有两种：一种是信息泄露，另一种是信息破坏。所谓信息泄露，就是目标系统中的信息，特别是敏感信息被人偶然或故意地获得（侦收、窃取或分析破译），造成泄露事件。信息破坏是指偶然事故或人为破坏使得系统中的信息被修改、删除、添加、伪造或非法复制，造成大量信息的破坏、失真或泄密，使信息的正确性、完整性和可用性受到破坏。

（二）被动攻击和主动攻击

按攻击的方式来划分，计算机信息系统受到的攻击可分为被动攻击和主动攻击两类。

1. 被动攻击

被动攻击是指一切窃密的攻击。它是在不干扰系统正常工作的情况下，截获、窃取系统信息，以便破译分析；利用观察信息、控制信息的内容来获

得目标系统的设置、身份；通过研究机密信息长度和传递的频度获得信息的性质。被动攻击不容易被用户察觉，因此其攻击持续性和危害性都很大。

2. 主动攻击

主动攻击是指篡改信息的攻击。它不仅是窃密，而且威胁到信息的完整性和可靠性。它以各种各样的方式，有选择地修改、删除、添加、伪造和复制信息内容，造成信息破坏。

（三）对信息系统攻击的主要手段

信息系统在运行过程中往往受到上述各种威胁和攻击，非法者对信息系统的破坏主要采取如下手段。

1. 冒充

冒充是最常见的破坏方式。信息系统的非法用户伪装成合法的用户，对系统进行非法的访问，冒充授权者发送和接收信息，造成信息的泄露与丢失。

2. 篡改

网络中的所有信息在没有监控的情况下都可能被篡改，即对信息的标签、内容、属性、接收者和始发者进行修改，以取代原信息，造成信息失真。

3. 窃取

信息窃取可以有多种途径：在通信线路中，通过电磁辐射侦察线路中的信息；在信息存储和信息处理过程中，通过冒充、非法访问，达到窃取信息的目的；等等。

4. 重放

将窃取的信息重新修改或排序后，在适当的时机重放出来，从而造成信息的重复和混乱。

5. 推断

推断也是在窃取基础之上进行的一种破坏活动，它的目的不是窃取原信息，而是将窃取到的信息进行统计分析，了解信息流大小的变化、信息交换的频繁程度，再结合其他方面的信息，推断出有价值的内容。

6. 病毒

几千种计算机病毒直接威胁着计算机的系统和数据文件，破坏信息系统的正常运行。

总之，对信息系统的攻击手段多种多样，我们必须学会识别这些破坏手段，以便采取技术策略和法律制约两方面的措施，确保信息系统的安全。

三、计算机信息系统的脆弱性

计算机信息系统本身存在着脆弱性，抵御攻击的能力很弱，自身的一些缺陷容易被非授权用户不断利用。这种非法访问使系统中存储的信息的完整性受到威胁，使信息被修改或破坏而不能继续使用。而且，系统中有价值的信息被非法篡改、伪造、窃取或删除而不留任何痕迹时，若计算机信息系统继续运行，还会得出截然相反的结果，造成不可估量的损失。另外，计算机还容易受到各种自然灾害和各种误操作的破坏。

从计算机信息系统自身的结构方面分析，也有一些问题是目前在短时间内无法解决的。

（一）计算机操作系统的脆弱性

操作系统是计算机重要的系统软件，它控制和管理着计算机系统所有的硬件、软件资源，是计算机系统的指挥中枢。计算机操作系统不安全是信息系统不安全的重要原因。由于操作系统的地位非常重要，攻击者常常将其作为主要攻击目标。

（二）计算机网络系统的脆弱性

计算机网络就是将分散在不同地理位置的计算机系统通过某种介质连接起来，实现信息和资源的共享。但是，无论是互联网本身还是 TCP/IP 协议（Transmission Control Protocol/Internet Protocol，传输控制协议/网际协议），在形成初期都没有考虑到安全问题，因而造成了网络系统安全的"先天不足"。

（三）数据库管理系统的脆弱性

数据库是相关信息的集合。计算机系统中的信息通常以数据库的形式组织存放，攻击者通过非法访问数据库，达到篡改和破坏信息的目的。数据库管理系统安全必须与操作系统的安全进行配套，如 DBMS（Database Management System，数据库管理系统）的安全级别为 B2 级，那么操作系统的安全级别必须同样是 B2 级的。数据库的安全管理建立在分级管理概念上，所以 DBMS 的安全也是脆弱的。

四、计算机信息安全的定义

人们对信息安全的认识是一个由浅入深、由此及彼、由表及里的深化过程。20 世纪 60 年代的通信保密时代，人们认为信息安全就是通信保密，采用的保障措施就是加密和基于计算机规则的访问控制。到了 20 世纪 80 年代，人们的认识加深了，大家逐步意识到数字化信息除了有保密性的需要，还有信息的完整性、信息和信息系统的可用性需求，因此明确提出了信息安全就是要保证信息的保密性、完整性和可用性，这就进入了信息安全时代。其后，由于社会管理及电子商务、电子政务等网上应用的开展，人们又逐步认识到还要关注可控性和不可否认性（真实性）。

信息安全的概念是与时俱进的，过去是通信保密或信息安全，而今天以至于今后是信息保障。

信息安全主要涉及信息存储的安全、信息传输的安全，以及对网络传输信息内容的审计三方面，它研究计算机系统和通信网络内信息的保护方法。

从广义来说，凡是涉及信息的完整性、保密性、真实性、可用性和可控性的相关技术和理论都是信息安全所要研究的领域。下面给出信息安全的一般定义：计算机信息安全是指计算机信息系统的硬件、软件、网络及其中的数据受到保护，不因偶然的或者恶意的原因而遭到破坏、更改、泄露，系统可靠、正常地运行，信息不中断。

五、计算机信息安全的特征

计算机信息安全具有以下五方面的特征。

（一）保密性

保密性是信息不被泄露给非授权的用户、实体或过程，或供其利用的特性，即防止信息泄漏给非授权个人或实体，信息只被授权用户使用的特性。

（二）完整性

完整性是信息未经授权不能进行改变的特性，即信息在存储或传输过程中保持不被偶然或蓄意地删除、修改、伪造、乱序、重放、插入等导致破坏和丢失的特性。完整性是一种面向信息的安全性，它要求保持信息的原样，即信息的正确生成、正确存储和传输。

完整性与保密性不同，保密性要求信息不被泄露给未授权的人，而完整性则要求信息不致受到各种原因的破坏。影响网络信息完整性的主要因素有设备故障、误码、人为攻击及计算机病毒等。

（三）真实性

真实性也称作"不可否认性"。在信息系统的信息交互过程中，确信参

与者的真实同一性，即所有参与者都不可能否认或抵赖曾经完成的操作和承诺。利用信息源证据可以防止发信方不真实地否认已发送信息，利用递交接收证据可以防止收信方事后否认已经接收到信息。

（四）可用性

可用性是信息可被授权实体访问并按需要使用的特性，即信息服务在需要时允许授权用户或实体使用的特性，或者是信息系统（包括网络）部分受损或需要降级使用时仍能为授权用户提供有效服务的特性。

（五）可控性

可控性是对信息的传播及内容具有控制能力的特性，即授权机构可以随时控制信息的传播和使用等方面。

概括地说，计算机信息安全的核心是通过计算机、网络、密码技术和安全技术，保护在信息系统及公用网络中传输、交换和存储的信息的保密性、完整性、真实性、可用性和可控性等。

六、计算机信息安全的含义

计算机信息安全的具体含义和侧重点会随着观察者角度的变化而变化。

从用户（个人用户或者企业用户）的角度来说，他们最为关心的问题是如何保证他们的涉及个人隐私或商业利益的数据在传输、交换和存储过程中受到保密性、完整性和可用性（原"真实性"表述不准确，信息安全中此处一般强调可用性）的保护，避免其他人（特别是其竞争对手）利用窃听、冒充、篡改和抵赖等手段对其利益和隐私造成损害和侵犯，同时用户也希望保存在某个网络信息系统中的数据不会遭到其他非授权用户的访问和破坏。

从网络运行和管理者的角度来说，他们最为关心的问题是如何保护和控制其他人对本地网络信息的访问和读写等操作。比如，避免出现病毒、非法存取、拒绝服务和网络资源非法占用与非法控制等现象，制止和防御网络黑客的攻击。

对安全保密部门和国家行政部门来说，它们最为关心的问题是如何对非法的、有害的或涉及国家机密的信息进行有效过滤和防堵，避免非法泄露。秘密、敏感的信息被泄密后将会破坏社会的安定，给国家造成巨大的经济损失和政治损失。

从社会教育和意识形态角度来说，人们最为关心的问题是如何杜绝和控制网络上不健康的内容。有害的黄色内容会对社会的稳定和人类的发展造成不良影响。

在计算机信息系统中，计算机及其相关的设备、设施（含网络）统称为计算机信息系统的"实体"。实体安全是指为了保证计算机信息系统安全可靠运行，确保计算机信息系统在对信息进行采集、处理、传输、存储过程中不致受到人为（包括未授权使用计算机资源的人）或自然因素的危害而导致信息丢失、泄漏或破坏，而对计算机设备、设施（包括机房建筑、供电设施、空调等）、环境、人员等采取适当的安全措施。

第二节　信息安全体系结构

如今，世界步入了信息化时代，网络信息系统在各个领域中得到了普遍应用，人们在生活生产中充分认识到了计算机网络信息的重要性，很多企业组织加强了对信息的依赖。在计算机网络信息类型增多和人们使用需求提升的背景下，计算机网络信息系统安全管理成为有关人员关注的重点。为了避免计算机用户信息泄露、信息资源的应用浪费、计算机信息系统软硬件故障对信息准确性的不利影响，有关人员需要构建有效的计算机网络信息安全结构体系，保证计算机网络信息系统运行的安全。

一、计算机网络信息系统安全概述

（一）信息安全产业

在社会主义市场经济的背景下，根据市场的运作规律来发展信息安全产业，已经成为国家信息安全体系建设中的关键环节。从市场经济视角来看，了解信息安全产业是一个至关重要的议题，这对于相关行业的管理机构、产业单位以及从业公司都具有深远的影响。

信息已经变成了一个宝贵的资源，它是整个信息产业，包括信息安全行业，发展的核心驱动力。市场经济是一种以资产管理为核心、以资产增长为最终目标的经济模式，其中资产的构成和资产的运营管理是市场经济的两大基石。在市场经济的背景下，当新的资产元素浮现时，围绕这个新的资产元素会形成一个完整的产业链。随着市场经济的不断进步，信息作为一种资产的特性越来越明显。以信息资产作为关键组成部分，并以信息资产的运营为中心流程的信息经济，为市场经济带来了一个崭新的发展时期。

信息资产与其他资产的主要区别在于其安全性，这主要是由于信息具有高度的无形价值、强烈的时效性以及较低的传播成本等多种因素所决定的。如果信息资产没有得到充分的安全保障，那么它的价值就无从谈起；同样，如果信息资产没有经过安全管理，其保值和增值的目标也将无法达成。信息资产的价值与其所处的安全环境有着直接的联系。

在信息资产的运营中，安全管理起到了至关重要的作用，它是信息安全行业主要的响应需求。在资产管理中，确保资产及其操作的安全性是一个普遍的需求，特别是对于信息资产来说，这一点显得尤为关键。在信息安全产业中，解决信息资产运营过程中的安全管理难题是至关重要的。

确保信息资产安全地运作是信息安全行业的关键价值。信息安全行业是一个由信息资产的安全运营需求所驱动的产业链，它代表了信息产业中最有投资潜力的方向，并在整个信息产业中占据了一个重要的地位。

在信息安全行业中，访问控制被视为核心技术。在信息安全管理中，人与信息的互动管理占据核心地位，因此，实施这种安全策略的访问控制技术显得尤为关键。

（二）计算机网络信息系统安全内涵和发展目标

计算机网络信息系统安全是指计算机信息系统结构安全和有关元素的安全，以及计算机信息系统有关安全技术、安全服务与安全管理的总和。计算机网络信息系统安全从系统应用和控制角度上看，主要是指信息的存储、处理、传输过程中体现其机密性、完整性、可用性的系统辨识、控制、策略及过程。

计算机网络信息系统安全管理的目标是实现信息在安全环境中的运行。实现这一目标需要可靠操作技术的支持、相关的操作规范、计算机网络系统、计算机数据系统等。

（三）计算机网络信息系统安全体系结构概述

信息安全的技术领域相当广泛，从规划、设计到评估的每一个关键步骤，都离不开一个完善的安全框架来给予指引。国家的"等级保护制度"技术体系中，信息系统安全的体系结构框架占据了关键的位置。随着计算机网络技术的持续进步，基于传统模型的计算机网络信息安全架构已不再合适。因此，为了更好地研究和解决多平台计算机网络的安全服务和安全机制问题，相关人员提出了一个开放性的计算机网络信息安全体系结构标准，并确定了一个计算机三维框架网络安全体系结构。

计算机三维框架网络安全体系结构作为一个普适性的结构框架，它揭示了信息系统安全需求与体系结构的共同之处，并作为一个全面理解信息系统安全技术体系的关键工具，具有广泛的应用潜力。信息系统的安全架构主要由安全属性、各个系统单元以及开放系统的互联参考模型层次组成。信息系统的安全特性涵盖了各种安全服务和机制，这包括但不限于身份验证、访问

权限控制、数据的保密性、数据的完整性、防止否认的措施、审计管理流程，以及系统的可用性和可靠性。根据不同的安全策略或不同的安全级别，信息系统可能会有不同的安全特性需求。系统单元详细阐述了信息系统的各个组件，并涵盖了信息系统的物理和行政环境的使用与管理。

系统单元可分为四个部分：① 信息处理单元，包括端系统和中继系统；② 通信网络，包括本地通信网络和远程通信网络；③ 安全管理，即信息系统管理中与安全有关的活动；④ 物理环境，即与物理环境和人员有关的安全问题。

1. 信息处理单元

信息处理单元主要关注计算机系统的安全性：通过物理和行政管理的安全机制，提供安全的本地用户环境，保护硬件的安全；为了确保软件的安全性，我们采用了防干扰、防辐射、容错和检错等多种措施；利用用户身份验证、访问权限管理和数据完整性等手段，确保信息安全无虞。信息处理模块必须具备满足特定安全需求的安全设置，并能够支持多个拥有各种安全策略的安全区域。安全域集合了用户、信息接收者以及各种安全策略。信息处理模块确保了安全域的精确隔离、资源的有序管理以及安全域之间信息的有序分享和传递。

2. 通信网络

通信网络安全为传输中的信息提供保护。通信网络系统安全涉及安全通信协议、密码机制、安全管理应用进程、安全管理信息库、分布式管理系统等内容。通信网络安全确保开放系统通信环境下的通信业务流安全。

3. 安全管理

安全管理包括安全域的设置和管理、安全管理的信息库、安全管理信息通信、安全管理应用程序协议、端系统安全管理、安全服务管理与安全机制管理等。

4. 物理环境

物理环境与行政管理安全不仅包括人员管理、物理环境管理和行政管理，还涉及环境安全服务的配置和系统管理员在这些方面的职责。

在开放系统互联参考模型的结构层面上，各个信息系统单元需要根据开放系统互联参考模型的七个不同级别来实施不同的安全服务和安全措施，以适应各种不同的安全需求。安全网络协议确保了对等协议层之间有一个受到保护的物理或逻辑路径，每个层次都通过接口向上一层提供安全保障。

二、计算机网络信息安全体系结构特点

（一）保密性和完整性特点

计算机网络信息的重要特征是保密性和完整性，能够保证计算机网络信息应用的安全。保密性主要是指保证在计算机网络系统应用的过程中机密信息不泄露给非法用户。完整性是指在计算机信息网络运营的过程中信息不能被随意篡改。

（二）真实性和可靠性特点

真实性主要是指计算机网络信息用户身份的真实，从而避免计算机网络信息应用中冒名顶替制造虚假信息现象的出现。可靠性是指计算机信息网络系统在规定的时间内完成指定任务。

（三）可控性和占有性特点

可控性是指计算机网络信息系统对网络信息传播和运行的控制能力，能够杜绝不良信息对计算机网络信息系统的影响。占有性是指经过授权的用户拥有享受网络信息服务的权利。

三、计算机网络信息安全体系存在的风险

（一）物理安全风险

计算机网络信息的物理安全风险涵盖了物理层可能对计算机网络平台内部数据造成损害的各种因素。这些风险主要包括由自然灾害引发的突发事件导致的计算机系统损坏、电源故障引发的计算机设备损坏和数据丢失、设备被盗导致的计算机数据丢失，以及电磁辐射引发的计算机信息数据丢失等。

（二）网络系统安全风险

计算机信息网络系统的安全风险涵盖了计算机数据链路层和计算机网络层中可能导致系统平台或内部数据信息丢失或损坏的各种因素。这些风险具体包括网络信息传输的安全隐患、网络边界的安全隐患、网络中可能出现的病毒威胁以及黑客攻击的安全风险。

（三）系统应用安全风险

计算机信息网络系统的应用安全风险包含系统应用层中能够导致系统平台和内部数据损坏的因素，具体包括用户的非法访问、数据存储安全问题、信息输出问题、系统安全预警机制不完善、审计跟踪问题等。

四、计算机网络信息安全体系结构构建分析

（一）计算机网络信息安全体系结构

计算机网络信息安全体系结构是一个动态化的概念，具体结构不仅体现在保证计算机信息的完整、安全、真实、保密等方面，而且需要有关操作人员在应用的过程中积极转变思维，根据不同的安全保护因素加快构建一个更

科学、有效、严谨的综合性计算机网络信息安全保护屏障。具体的计算机网络信息安全体系结构模式需要包括以下几个环节。

1. 预警

预警机制在计算机网络信息安全体系结构中具有重要的意义，也是实施网络信息安全体系的重要依据。在对整个计算机网络环境、网络安全进行分析和判断之后，为计算机信息系统安全保护体系提供更为精确的预测和评估。

2. 保护

保护是提升计算机网络安全性能，减少恶意入侵计算机系统行为的重要防御手段，主要是指通过建立一种机制来对计算机网络系统的安全设置进行检查，及时发现系统自身的漏洞并予以及时弥补。

3. 检测

检测作为一种关键手段，用于及时识别侵入计算机信息系统的行为，主要是通过对计算机网络信息安全系统采用隐秘技术，以防止侵入者发现并破坏计算机系统的防护措施，这是一种主动的反击方式。通过检测，我们可以为计算机信息安全系统的反应提供宝贵的时间，从而在实际操作中降低不必要的损耗。该检测系统能与计算机系统的防火墙实现联动，进而构建一个全面的战略框架，并建立专门的计算机信息系统安全监控中心，以便及时了解计算机信息系统的安全运行状况。

4. 响应

如果计算机网络信息安全体系结构出现入侵行为，需要有关人员对计算机网络进行冻结处理，切断黑客的入侵途径，并采取相应的防入侵措施。

5. 恢复

三维框架网络安全体系结构中的恢复是指在计算机系统遇到黑客攻击

和入侵威胁之后，对被攻击和损坏的数据进行恢复的过程。恢复的实现需要对计算机网络文件和数据信息资源进行备份处理。

6. 反击

三维框架网络安全体系结构中的反击是一种技术性能高的模块，主要反击行为是标记跟踪，即先对黑客进行标记，然后应用侦查系统分析黑客的入侵方式，寻找黑客的地址。

（二）基于三维框架网络安全体系结构的计算机安全系统平台

1. 硬件密码处理安全平台

硬件密码处理安全平台面向整个计算机业务网络，具有标准规范的应用程序编程接口（Application Programming Interface，API 接口），通过该接口能够让整个计算机系统网络所需的身份认证、信息资料保密、信息资料完整、密钥管理等具有相应的规范标准。

2. 网络安全平台

网络安全平台必须解决一系列问题，包括计算机网络信息系统的互联、拨号网络用户的身份验证、数据的传输、信息传输通道的安全保密、网络入侵的检测、系统的预警系统等。当各种业务需要相互连接时，硬件防火墙的应用是实现隔离处理的关键。在计算机网络的层面上，我们需要采用 SVPN 技术来构建一个安全的虚拟加密通道，以确保计算机系统中关键信息的安全和可靠传输。

3. 应用安全平台

应用安全平台的构建需要从两个方面实现。

（1）应用计算机网络自身的安全机制进行应用安全平台的构建。

（2）应用通用的安全应用平台实现对计算机网络上各种应用系统信息的安全防护。

4. 安全管理平台

安全管理平台能够根据计算机网络自身的应用情况采用单独的安全管理中心和多个安全管理中心模式。该平台的主要功能是实现对计算机系统密钥的管理，完善计算机系统安全设备的管理配置，加强对计算机系统运行状态的监督控制等。

5. 安全测评认证中心

安全测评认证中心是大型计算机信息网络系统必须建立的。安全测评认证中心的主要功能是通过建立完善的网络风险评估分析系统，及时发现计算机网络中可能存在的系统安全漏洞，针对漏洞制定计算机系统安全管理方案和安全策略。

（三）实施安全信息系统

正确把握安全信息系统的实施思路是信息安全系统建设单位十分关心的一个问题。

1. 确定安全需求与安全策略

根据用户单位的性质、目标、任务及存在的安全威胁确定安全需求。安全策略是针对安全需求而制定的计算机信息系统保护策略。该阶段根据不同安全保护级别的要求提出了一些原则性、通用的安全策略，各用户单位要制定适合自身情况的完整安全需求和安全策略。下面列举一些重要的安全需求。

（1）支持多种信息安全策略。计算机信息系统能够区分各种信息类型和用户活动，使之服从不同的安全策略。当用户共享信息及在不同安全策略下操作时，要确保不违反安全策略。计算机信息系统必须支持各种安全策略规定的敏感和非敏感的信息处理。

（2）使用开放系统。开放系统是当今发展的主流。在开放系统环境下，

必须为支持多种安全等级保护策略的分布信息系统提供安全保障，保护多个主机间分布信息处理和分布信息系统管理的安全。

（3）支持不同安全保护级别。支持不同安全属性的用户使用不同安全保护级别的资源。

（4）使用公共通信系统实现连通性功能是节约通信资源的有效方法，但是必须确保公共通信系统的可用性和安全服务。

2. 确定安全服务与安全机制

根据规定的安全策略与安全需求确定安全服务和安全保护机制。不同安全等级的信息系统需要不同的安全服务和安全机制。例如，某个信息处理系统主要的安全服务确定为身份鉴别、访问控制、数据保密、数据完整等。

为提供上述安全服务，要确立基本安全保护机制：可信功能、安全标记、事件检测、安全审计跟踪和安全恢复等。此外，还要体现特定安全保护机制：加密机制、数字签名机制、访问控制机制、数据完整性机制、鉴别机制、通信网络业务填充机制、路由控制机制。

3. 建立安全体系结构框架

确定了安全服务和安全机制后，根据信息系统的组成和开放系统互联参考模型建立具体的安全体系结构模型。信息系统安全体系结构框架的确定主要反映在不同功能的安全子系统中。

4. 遵循信息技术和信息安全标准

在安全体系结构框架下要遵循有关的信息技术和信息安全标准，并折中考虑安全强度和安全代价，选择相应安全保护等级的技术产品，最终实现安全等级信息系统。

（四）计算机网络信息安全体系的实现分析

1. 计算机网络信息安全体系结构在遭受攻击时的防护措施

在计算机网络信息遭受病毒侵袭或非法入侵的情况下，计算机网络信息安全的体系架构有能力迅速阻挡病毒或非法入侵电脑系统的风险。在对计算机网络信息系统进行全面评估的过程中,三维框架网络安全体系结构能够对潜在的攻击行为进行深入的分析,并能迅速识别出计算机系统中可能存在的安全风险。

2. 计算机网络信息安全体系结构在遭受攻击之前的防护措施

在计算机网络信息的辅助下,文件的使用方式各不相同,频繁使用的文件更容易成为黑客攻击的目标。因此,在遭受文件攻击之前,我们必须确保计算机网络的信息安全得到充分的保护。通常,我们会为高频使用的文件设置防火墙和网络访问权限作为防护措施。此外,我们还可以采用三维框架的网络安全架构来探讨计算机系统应用中可能存在的潜在风险。

3. 加强对计算机信息网络的安全管理

加强对计算机信息网络的安全管理是计算机系统数据安全的重要保障,具体需做到以下两点。

(1)扩大计算机信息网络安全管理范围。针对黑客在计算机数据使用之前对数据进行攻击的情况,有关人员可以事先做好相应的预防工作,通过对计算机系统的预防管理保证计算机信息技术得到充分应用。

(2)加强计算机信息网络安全管理力度。具体表现为根据计算机系统情况,全面掌握计算机用户信息情况,在判断用户身份的情况下做好加密工作,保证用户数据信息安全。

4. 实现对入侵检测和计算机数据的加密

基于防火墙技术,入侵检测技术成为一种补充性的方法,它代表了一种主动的防护策略。计算机信息系统的入侵检测技术工作涵盖了对用户行为的深入分析和实时监听、对计算机系统的潜在弱点进行审查、识别和分析系统中的异常行为,以及对入侵模式的详细分析等多个方面。进行入侵检测时,必须严格遵循网络安全的规定和要求。入侵检测是基于外部环境进行的,

因此容易受到外部信息的干扰，这就需要相关人员加强对计算机数据的加密处理。

总的来说，随着现代科技的进步，人们对计算机网络信息安全的体系结构提出了更高的标准。这就需要我们运用最新的技术来完善计算机网络信息安全体系结构，以有效地防止非法用户侵入计算机信息安全系统，防止计算机网络信息的泄露，保护网络用户的个人利益，从而确保计算机网络信息安全系统的有效应用。

第三节　信息安全的分析、管理与防护

一、计算机网络信息安全分析与管理

（一）当前我国计算机网络信息安全现状

1. 计算机网络信息安全防护技术

计算机网络可被定义为多台计算机通过通信线路进行连接，在网络操作系统、网络管理软件和网络通信协议的协同作用下，实现资源的共享、数据的传输和信息的传递。在计算机网络的共享、传输和传递过程中，涉及的数据和信息量极为庞大，因此，无论是数据的传输、信息的执行还是安全意识等关键因素出现问题，都可能导致计算机网络信息安全出现漏洞，从而对信息安全构成威胁。

当前存在的主要计算机网络信息安全问题有以下几种。

（1）黑客威胁。黑客指精通计算机网络技术的人，他们擅长利用计算机病毒和系统漏洞侵入他人网站非法获取他人信息，甚至进行非法监听、线上追踪、侵入系统、破解机密文件造成商业泄密等对社会财产产生威胁的违法行为。

（2）病毒。相对而言，病毒更为简单常见。病毒是破坏计算机功能或者毁坏数据、影响计算机正常使用的程序代码，它具有传染速度快、破坏性强、可触发性高的特点，能通过特定指令侵入他人文件，直接造成文件丢失或泄露，也可用于盗取用户重要的个人信息，如身份证号码、银行账号及密码等。再者是计算机本身的安全漏洞。操作系统不安全、软件存在固有漏洞、计算机管理人员操作不当等为网络安全埋下了隐患。

（3）从物理层面来讲，计算机所处的环境条件对其硬件保护具有很大的影响，潮湿和尘土容易使计算机出现系统故障、设备故障、电源故障等，此类问题出现频率低，但不易解决。

2. 计算机网络信息安全管理制度

制定计算机网络信息安全管理制度的核心目标是强化日常的计算机网络和软件管理工作，确保网络系统的安全性，保障软件设计和计算机系统的安全运行，以及保障系统数据库的安全运行。常见的计算机网络信息安全管理机制涵盖了日常的网络维护工作，系统管理员会定期检查系统中的漏洞，以便及时识别问题并提出相应的解决策略，这些都会被详细记录在《网络安全运行日志》里。尽管目前有大量的企业和事业单位在使用计算机，但很少有企业制定专门的计算机网络安全管理规定，也没有专门的部门负责计算机系统网络的定期检查、数据备份、服务器的防毒和加密措施，更没有聘请专业的技术人员来修复计算机自身的系统漏洞。加之平时对计算机的物理保护不够重视，软硬件设施都存在很大的安全隐患。

多年来，相关管理机构缺乏健全和全面的管理体系与手段，导致管理层的工作态度变得懒散，进一步催生了计算机专业人士的懒散心态，其中一些人甚至涉嫌进行信息泄露的非法活动。参考国外先进的计算机网络信息安全管理方式，我们可以清晰地看到，一个高效的计算机网络信息安全管理系统不仅确保了信息的安全性，还提高了日常工作效率，并对计算机技术的进一

步发展起到了积极的推动作用。针对计算机网络信息安全的问题，迫切需要从管理制度的不足开始解决，其核心目的是从根本上预防计算机网络信息安全问题的出现，这具有深远的实践价值。

3. 计算机网络信息安全意识

在计算机网络信息安全方面，技术的支持构成了基础，而管理的保障则是至关重要的一环。虽然前两者在计算机网络的信息安全防护中都发挥了不可或缺的作用。仅依靠计算机网络信息技术的支持，我们可能会观察到计算机病毒的持续更新和侵入程序技术的不断升级。单纯依赖计算机网络信息管理制度可能会导致所需时间过长、人力和物力的大量浪费，以及程序的复杂性增加，这与提升计算机网络管理效率的初衷是相悖的。为了抵御计算机网络信息安全所带来的社会风险，我国已经出台了相关法规，旨在增强计算机用户的安全意识，并通过法律手段对计算机网络犯罪进行打击。通过网络信息安全意识的培育和法律法规的强制性要求，我们可以增强计算机用户的网络安全意识，鼓励他们主动采用加密设置和杀毒措施。法律和法规具有对网络违法和犯罪行为进行有效打击的能力，从而使这些行为无法逃避。

我们必须认识到，目前法律对于计算机网络信息安全的保护措施还处于初级阶段，大多数人在计算机安全防护方面的意识还不够成熟。在我国的各大、中、小城市里，由于区域发展的不均衡性，部分地区计算机网络的安全防护意识相对较弱，信息安全的防护技术尚未完全成熟，因此计算机网络的信息安全问题仍然非常严重。

（二）保证计算机网络信息安全的重要意义和内涵

1. 保证计算机网络信息安全的重要意义

随着我国科技的持续进步，计算机网络技术也得到了相应的发展，使得网络存储逐渐成为我们日常生活和工作中主要的信息存储手段之一。因此，网络信息的保密性和完整性与国家、企业和个人的利益紧密相连，这对企业的日常运营具有深远的影响。因此，完善网络信息安全管理技术是确保企业健康成长的关键。目前，在我国的计算机科学领域，网络信息安全问题被视为最主要的关注点。

2. 保证计算机网络信息安全的内涵

确保计算机网络信息安全的核心目标是确保存储的数据不会遗失，这些数据范围广泛，从国家机密到个人隐私，还涵盖了各大网站运营商为用户提供的多种服务。为了构建一个高效的计算机管理系统，我们需要对计算机网络的信息有深入的认识，并根据这些信息的特性来制定相应的安全策略。计算机网络信息安全是指利用特定的网络监控技术和配套措施，确保网络环境中的数据信息得到严格的保护。计算机网络的信息安全是由物理安全和逻辑安全两大部分组成的。物理安全意味着特定的设备及其相关硬件不会受到物理损害，从而避免因人为或机械操作导致的损坏或遗失。逻辑安全涉及信息的保密性、可用性和完整性。

（三）计算机网络信息安全分析

1. 遭受网络病毒攻击

计算机病毒通常是通过网络途径传播的，例如在浏览网站时，容易受到病毒的侵害；电脑病毒也有可能通过电子邮件的形式进行传播。对用户而言，一旦被计算机病毒感染，他们可能不会意识到这一点，随着时间的推移，计算机系统可能会受到损害。因此，在操作受到计算机病毒侵害的电脑时，若文件未进行加密处理，其内部信息极有可能被泄露，从而触发一连串的连锁反应。当用户远程操控自己的计算机时，计算机内部的信息也存在被篡改的可能性。

2. 计算机硬件和软件较为落后

目前，有些用户所使用的计算机软件是通过盗版或非正规途径下载的，

这些盗版软件对网络信息安全构成了一定程度的威胁。然而，如果计算机用户的配置是正常的、软件是正规的，那么网络安全的风险将会大大降低。因此，当你发现计算机硬件相对陈旧时，应当迅速更换，以防止潜在的安全风险。在如今的社会背景下，黑客使用的攻击方式日益丰富，他们在社交媒体上的活跃度也在持续上升。越来越多的受害者声称他们曾遭受数字勒索的威胁，因此，计算机硬件的技术滞后也可能带来某些信息上的风险。在软件选择上，我们应当优先考虑使用正版软件，并确保软件的及时更新和杀毒功能，同时在使用过程中尽可能地打开防火墙，以实现全面的安全防护，确保网络信息的安全。

3. 管理水平

计算机安全管理覆盖了诸多领域，包括但不限于风险预估、制度协议的建立以及风险系数的评定等。在我国，许多网络都是专为特定用途设计的，这种资源相对独立，给网络管理带来了显著的制约。从宏观角度看，网络安全管理在工程规划方面存在明显的不足，这导致了不同部门间的信息交流受到了阻碍。为了应对这些挑战，我们不仅需要重视并完善计算机的安全管理体系，还需要加强对信息安全管理人员的专业培训，增强用户的安全意识，并从多个角度推进网络信息技术的安全建设。只有持续进步，我们才能真正地提升我国的计算机网络管理能力。

（四）计算机网络信息安全的管理

1. 加强对计算机专业人才的培养

为了提升计算机网络信息安全的管理水平，除了需要加强对计算机各方面安全规范的要求外，还应增加人才培养的投入。专业人才构成了我国计算机技术发展的基础，并有助于不断提高我国整体计算机技术水平。随着我国的国力日益壮大，我国计算机用户数量持续增加，这也带来了更多的计算机网络信息安全风险。因此，强化我国计算机领域的专业人才培训变得尤为关键。当我们加大对计算机信息技术资深人才的培训力度时，我国的多个领域才有可能实现共同进步。

2. 提高计算机用户的网络安全意识

随着计算机在各个领域的广泛应用和用户数量的持续增长，仍有部分计算机初学者在安全使用方面缺乏足够的知识。他们对于网络中的病毒、漏洞等潜在风险缺乏足够的预防意识，这可能导致计算机发生安全事故。因此，有必要对计算机使用者进行适当的网络安全教育，以培养他们的安全意识，确保他们能够自主安全地使用计算机，及时更新安全补丁并进行病毒检测，这样才能最大限度地减少计算机安全风险。

3. 制定相关的网络安全协议

只有当硬件与软件的操作被规范化时，网络的安全性才能得到保障。因此，为了应对网络安全的挑战，制定相应的规章制度和协议变得尤为关键。协议规定，在计算机数据传输过程中遭遇危险攻击时，需要采取什么样的应急措施来解决问题，从而避免用户遭受更多的损失。因此，对于与网络相关的设备，如果在访问网络资源时遇到问题，需要有专门的人员来解决。在数据传输过程中，加密处理是必要的，只有在这种多层次的保护措施下，计算机的安全性才能得到保障。采用这种方式可以确保即使信息被攻击者获得，他们也无法理解信息的真正含义。所有这些功能都是通过专业的防火墙技术实现的，能够有效地阻挡病毒，从而实现加强网络信息安全的目标。

4. 应用计算机信息加密技术

随着网络购物在近几年的迅猛发展，第三方支付系统如支付宝、微信和网上银行等都开始进行在线交易，这无疑对计算机安全防护系统提出了更为严格的要求。计算机的加密技术已经成为最常见的安全手段，也就是通常所说的密码技术，目前已经发展出了二维码技术，可以对账户进行加密，确保账户资金的安全。在这项技术的实际应用中，一旦发生信息被窃取的情况，

窃取者仅能获取乱码，而无法获取真实的信息。

计算机病毒以其高度的传染性、破坏性和触发性为特点，迅速成为计算机网络信息安全领域中最具挑战性的问题之一。面对病毒的威胁，最有力的策略是加强计算机网络应用系统的防护，确保病毒不侵入计算机应用程序。利用扫描技术来检查计算机的安全漏洞，一旦检测到病毒，应立刻进行杀毒处理并修复计算机运行过程中可能出现的安全隐患。为了消除计算机病毒，我们采用了三阶段的策略：首先是病毒的预防，以避免低级病毒的入侵；在第二个步骤中，我们进行病毒的检测，这包括分析病毒产生的各种原因，例如，数据段的异常等，并对特定的病毒程序进行深入的分析、研究和记录，以便于未来的杀毒工作；第三个步骤是进行病毒清除，采用杀毒软件进行病毒清除。目前的病毒清除技术要求计算机在对病毒进行检测后进行深入的分析和研究，根据具体情况进行处理，并使用不同的杀毒软件进行杀毒，这也是目前计算机病毒清除技术的局限性和落后之处。因此，有必要研发创新的杀毒软件，并深入研究如何有效地清除不断演变的计算机病毒。这项研究对于技术人员的专业能力和程序数据的准确性都有很高的要求，同时也对计算机网络的信息安全起到了至关重要的作用。

5. 完善计算机网络信息安全管理制度

从近些年来的计算机网络安全问题事件来看，许多网络安全问题的产生都是因为计算机管理者疏于管理，未能及时更新防护技术、检查计算机管理系统，使得病毒、木马程序有了可乘之机，为计算机网络信息安全运行留下了巨大的安全隐患。

企业、事业单位领导应该高度重视计算机网络信息安全管理制度的建立，有条件的企业、事业单位应当成立专门的信息保障中心，具体负责计算机系统的日常维护、漏洞的检查、病毒的清理，保护相关文件不受损害。

建议组织开展信息系统等级测评，同时坚持管理与技术并重的原则，邀请专业技术人员开展关于"计算机网络信息安全防护"的主题讲座，增加员

工对计算机网络信息安全防护技术的了解，这对信息安全工作的有效开展能够起到很好的指导和规范作用。

6. 增强信息安全防护意识，制定相关法律

在网络信息时代，信息具有无可比拟的重要性，关系着国家的利益，影响着国家发展的繁荣和稳定。目前我国计算机网络信息安全的防护技术和能力从整体上看还不尽如人意，但在出台《国家信息安全报告》探讨在互联网信息时代应如何建设我国计算机网络信息安全的问题后，我国计算机网络安全现状已经有所改观。

7. 加强网络环境监管，肃清网络环境

在网络系统的安全管理方面，第一层的管理者有责任从网络系统的初始阶段开始进行全面的管理和维护。他们必须加强对网络环境的监控和管理，以便及时识别和应对潜在的安全风险因素，并制定相应的风险解决策略。有关机构有责任加强对网络环境的管理和监督，全方位地强化互联网的安全管理措施，确保"净网"行动能够顺利进行，并对网络环境进行有效的治理和净化，以便为广大人民提供一个安全、清朗的网络环境。各个地区的公安局网安大队有责任督促各网站的运营负责人去学习《中华人民共和国网络安全法》以及《互联网新闻信息服务管理规定》等相关的法律法规，并签署一份净化网络环境的承诺书。网安大队有权与负责网站运营的负责人共同组建网络安全专班，并创建微信联络群，以明确安全管理的责任人，并确保这些责任能够得到有效执行。同时，所有网站和微信公众号的运营负责人都必须严格遵守《中华人民共和国网络安全法》和《互联网新闻信息服务管理规定》，加强内部审核管理，积极传播正能量，真正承担起网站和网络自媒体的社会责任，共同维护一个健康有序的互联网环境。

8. 健全制度体系，确保管理到位

要确保计算机网络信息安全管理和维护工作的有效开展，必须构建完善

的管理和维护制度体系，明确企业和机构网络信息安全管理和维护的第一责任人，将相关的管理和维护责任落实到个人，让相关管理和维护人员明确自身的职责，更好地开展网络信息安全管理和维护工作。

9. 强化安全意识，做好宣传工作

各相关的公司和机构必须高度关注网络和信息安全的管理任务。为了普及网络安全的基础知识并提高企业及相关机构对网络安全的认识，我们可以主动组织网络系统的安全教育活动，与网络信息化服务和安全管理部门合作，为广大的员工和大学生提供网络安全的宣传和教育。在进行网络宣传和教育的时候，我们可以采用多种方式，如展示展板、播放视频、分发宣传册、解答相关问题、与相关人员互动等，来普及如何预防网络电信诈骗、识别网络虚假信息、抵制网络谣言等知识。这样可以提醒广大的员工和学生群体加强网络安全意识和自我保护意识，正确、安全地使用网络。同时，我们也呼吁大家将网络安全知识带回家，告知自己的亲友，动员全民共同参与，实现安全用网、文明上网，共同创造一个和谐、安全、稳定的网络环境。在进行宣传活动时，我们还可以借助周围的真实案例，深入探讨个人隐私被泄露、数据遗失、木马软件的安装、非法获取个人信息等问题，并对如何预防各种网络欺诈行为进行广泛宣传。

10. 细化防范措施，进行风险排查

我们需要为网络和信息安全管理的各个环节制定有力的策略，强化网络接入的管理，并确保所有的网络接口都位于县局机关的机房内。对计算机设备的命名和 IP 地址的使用进行规范化管理，确立"科室+使用人名称"的命名准则，确保计算机的命名与 IP 地址之间的匹配，并强化终端设备的安全监管。我们会定期对机房内的各种设备进行全面的检修和维护，确保及时排除任何可能的安全隐患和故障。同时，我们也会加强计算机安全使用的保密管理措施，明确规定办公电脑不能使用来源不明、未经过杀毒程序处理的软件、光盘或 U 盘等，特别强调内部和外部计算机之间不能相互插入 U 盘。

针对计算机网络安全面临的主要风险因素，有必要组织相关工作人员全面检查计算机内部网络和终端设备是否存在违规的外部连接，以确保检查范围得到全面覆盖。网络管理员有责任对其管理范围内的计算机进行全方位的安全审查，这包括确保杀毒软件的安装达到 100%的覆盖率，以及对桌面安全审计系统的安装状况进行检查。在该区域内，所有的内部电脑都已激活了杀毒软件，并且每周都会按时进行全面扫描，从而减少了手动检查的时间。与此同时，我们使用相关的软件工具，对每台电脑进行再次的"健康检查"，并及时进行补丁安装。对于每一台电脑，都需要确保其基础资料的完整性。对大型公司和公共事业单位而言，对其所处区域内的所有内部网络计算机进行风险评估是一项繁重的任务。借此良机，网络管理员有能力对每一台计算机的相关数据进行详细记录，并创建电子账簿，以便为未来的设备保养和网络故障修复工作提供必要的基础信息。

通过采取这些网络安全管理措施，可有效降低网络系统风险发生的概率，实现网络安全管理效率的不断提升。

11. 加强专业培训，提升风险防范能力

为了提高全体员工在网络安全防护和应对方面的能力，并确保网络安全管理的有效性，我们必须对网络信息安全的主要威胁、常用的防护技术、跨平台的网络安全防护技术以及网络安全防范体系的建设等方面的相关人员进行专门的培训。我们需要确保网络管理者在网络建设和软件开发过程中都对某些细节给予足够的关注，这样黑客就不会轻易得逞，从而确保用户在使用网络时的安全。针对企业或机构的主要网络安全管理者，培训是必要的。通过这种培训，我们可以以最近几年在省、市网络系统中发生的网络和信息安全事故为例，深入分析单位网站和信息系统中的安全隐患，并为如何更好地进行信息和网络安全工作提供建议。这将帮助网络安全管理人员更深入地理解和重视网络和信息安全，并解决其中的关键和难点问题。加速构建和完善网络与信息安全、医疗健康数据管理以及数据安全和隐私保护等方面的规

章制度。我们需要加强对网络和信息安全技术的监控、预警通知、风险评定以及紧急应对措施，并在大型活动中实施网络和信息安全的零报告机制。通过实施类似的网络安全管理培训项目，推动企业和机构更加安全地使用网络系统。

二、计算机网络信息安全及防护策略研究

自 21 世纪初，计算机和互联网技术都经历了飞速的发展，这无疑为提高人们的日常生活品质和工作效率带来了巨大的推动力。目前，计算机网络已广泛渗透到各个行业中，随着智能手机市场的持续壮大，人们对计算机网络信息的依赖程度也在逐渐加强。然而，我们必须认识到，尽管计算机网络为人们的日常生活和工作提供了极大的便利，但它也让人们在工作中不得不面对更大的风险和威胁。最近几年曝光的一些案例便是这一点的有力证明。因此，在当前的时代背景下，加强人们对计算机网络安全的认识，持续强化计算机网络信息安全的管理和防护措施，将对有效预防计算机网络信息安全问题发挥至关重要的作用，这也将对我国计算机网络未来的健康发展产生非常积极的影响。

（一）可能影响计算机网络信息安全的主要因素研究

在对计算机网络进行保护的过程中，首先需要做到的一点就是对可能影响计算机网络信息安全的主要因素进行研究，笔者在研究的过程中通过查阅相关资料并结合实际情况提出了以下六个方面的因素。

1. 网络系统自身的脆弱性

与其他技术相比，计算机网络的一个突出特点是其出色的开发潜力，这也大大降低了人们进入计算机网络的难度。尽管这种技术为众多人带来了便捷，但在实际运行中，它也可能受到各种外部因素的干扰和破坏，这也使得计算机网络在安全方面存在一定的弱点。此外，在编写计算机操作系统的过

程中，操作人员常常会出现误操作的情况，这可能会导致所设计的计算机系统本身存在一些系统漏洞。此外，在日常工作中，因特网主要依赖 TCP/IP 协议模式，但这种模式的安全性相对较低，因此在网络连接和运行过程中更容易受到不同类型的威胁或攻击。如果在这种情况下不能及时抵御服务或攻击欺诈行为，那么就可能导致不安全情况的发生。

2. 自然灾害的影响

自然灾害对于计算机网络也会产生一定的威胁，虽然随着计算机的不断发展，目前绝大多数情况下计算机网络采用的都是光纤信号传输，但是在一些极端天气，如暴雨、闪电，或者发生地震的时候，会给光纤传输网络造成非常大的影响，尤其是在一些较为偏远的地区更是如此，严重情况下甚至会对计算机网络造成毁灭性的打击。另外，当传输设备所处的环境不是十分理想的时候，也会导致一些问题，例如，外部温度过高、湿度过大等，都难以保证计算机网络能够稳定地运行和使用。

3. 恶意的网络攻击

根据近年来的实际状况，我国的网络系统曾多次受到境外反华势力和非法行为者有组织、有预谋地以黑客为主要手段进行的恶意计算机网络攻击，这也是目前对计算机网络安全造成最大威胁的网络攻击方式之一。从攻击模式的角度分析，主要可以将其分为主动攻击和被动攻击这两大类。前者主要指的是利用各种不正当的方法，选择性地损害目标信息的真实性和完整性，从而导致目标信息网络不能正常工作。后者主要是指在不妨碍目标网络正常运行的情况下，解码和截取其内部运行的数据和信息，目的是通过这种方式窃取该网络用户的一些比较重要或机密的信息。在过去的几年中，有针对性的、人为的网络攻击已逐步成为计算机网络的主要威胁。这种攻击不仅可能导致信息外泄，还可能使目标网络完全失效，所带来的损害是无法估量的。

4. 使用者自身失误

在我们日常的计算机网络使用中，由于用户的能力和技术水平的局限性，容易产生误操作，这也是引发安全隐患的关键原因之一。尽管我国的计算机技术已经得到了广泛应用，但由于部分用户的文化程度并不高，他们在使用过程中并没有增强安全意识。这导致了他们存在侥幸和疏忽大意的心态。一个常见的问题是，他们在设置密码时过于简单，或者在使用过程中将用户名和密码泄露给其他人。这些行为最终都会对计算机网络的信息安全构成相当大的威胁。

5. 电脑病毒

在最近的几年中，计算机病毒如 CIH 病毒、熊猫烧香病毒以及最近的网络勒索病毒都在广泛传播。这些病毒给计算机带来的危害是非常显著的。一旦计算机被这些病毒感染，它在使用过程中会面临巨大的风险，并在严重的情况下可能对整个计算机网络的安全造成重大威胁。计算机病毒在其传播过程中表现出难以被察觉的隐匿性和潜伏性特点，目前主要的传播方式包括硬盘传播、软件传播和网络传播等。在计算机程序的具体执行阶段，一旦被病毒感染，该病毒会在极短的时间内侵入数据文件，有时甚至可能导致计算机系统出现混乱。此外，计算机病毒也可以通过复制或传输文件来传播。这些病毒的轻微影响可能会降低计算机的工作效率，而更严重的情况可能会影响整个文件的使用，甚至可能导致用户的重要数据丢失，从而造成非常严重的危害和后果。

6. 垃圾邮件成为病毒传播载体

现在，人们在工作中更倾向于通过电子邮件进行沟通，这种方式不仅系统、公开和可广播，还为人们提供了一个优质的信息和文件传输渠道和平台。然而，实际观察显示，人们收到的电子邮件中，垃圾邮件的数量持续上升，这不仅给人们的日常生活带来困扰，也给他们的工作带来了诸多问题。发送这类邮件的人通常会先窃取用户邮箱里的相关数据，然后再将这些不合格的信息传送到用户的邮箱，并强制用户进行接收操作。这批邮件有可能被植入了病毒代码，如果接收者在接收邮件后轻易地打开它，那么计算机就有可能被病毒感染。此外，存在一些掌握高级技术的黑客，他们在用户的计算机系统中安装各种非法软件，持续窃取邮件和用户信息，发布有害信息，甚至实施盗窃等非法行为，这些行为将极大地妨碍社会活动的正常进行。

（二）加强计算机网络信息安全防护的策略思考

1. 采用加密技术

加密技术的诞生已经持续了相当长的一段时间，它主要是为了对计算机内某些相对敏感的数据进行高效的加密操作。随着技术日益成熟，数据处理中经常采用的方法是加密技术。考虑到这项技术的核心特性，它代表了一种相对开放的技术和手段，用于主动强化网络信息。在我们日常的使用中，常见的加密方法主要涵盖了对称密钥加密技术以及基于非对称密钥的加密技术。前一种加密方法的核心思想是根据特定的算法对文件和数据进行适当的处理，从而生成一系列不可读取的代码，然后应用相关技术将这些代码转化为原始数据。

2. 访问控制技术

根据当前的现实状况，访问控制技术已逐步崭露头角，成为确保网络信息安全的关键技术之一。其主要功能是确保系统和网络的访问控制。在系统访问过程中，为不同的用户提供完全不同的身份标识，而这些不同的身份又赋予了相应的访问权限。当用户进入系统时，系统会首先验证他们的身份，然后再为他们提供相应的服务。系统访问控制主要是指利用安全操作系统和安全服务器来达到网络安全控制的最终目标。在其中，我们选择了一个安全操作系统，该系统能够对所有网站进行实时监控。一旦发现网站信息有非法行为，系统会及时提醒用户，修改网站内容可能会带来潜在的威胁，从而确

保用户的计算机系统能够安全运行。服务器的主要职责是对局域网内的所有数据传输进行严格的审查和追踪，而网络访问控制则是对外部用户实施合适的管理，确保他们在利用内部用户的计算机信息时能够确保信息的安全性和可靠性。

3. 身份认证技术

身份认证技术的实现主要依赖于提供实体的身份证明和相关证据。在其中，实体部分可能是主机，也可能是用户，甚至可能是进程，而证据和实体身份之间存在着一对一的对应关系。在通信过程中，实体的一方可以向另一方提供证据来证明自己的身份，而另一方则可以通过身份验证机制对其提供的证据进行有效的验证，从而确保实体和证据之间能够保持良好的一致性。这一方法能有效地识别和验证用户的合法和非法身份，极大地减少了非法用户访问系统的风险，从而极大地降低了用户非法侵入系统的可能性。

4. 安装网络防火墙

通过安装网络防火墙，我们可以有效地阻止外部网络用户非法进入内部网络，加强网络访问的控制，从而保护内部网络的运行环境。防火墙技术的种类繁多，基于这些技术的差异，网络防火墙可以被分为代理方式、监控方式、地址转换方式以及数据包过滤方式等几大类。在其中，代理防火墙设置在服务器与客户端的中间位置，能够彻底中断它们之间的数据交流。监控防火墙有能力对每一层的数据进行实时监测，并主动避免外部网络用户未经许可的侵入。此外，该设备的分散式探测器也有助于避免内部的恶意损坏。地址转换防火墙的工作原理是将内部的 IP 地址转化为暂时的外部 IP 地址，以此来掩盖真实的 IP 地址。数据包过滤防火墙运用了数据包传输的先进技术，能够准确地识别数据包内的地址信息，从而有效地确保计算机网络信息的安全性。

5. 安装杀毒软件

杀毒软件不仅是用户最常用的安全防护工具，也是一种可靠的安全防护

措施，其中比较常见的包括 360 杀毒软件和金山毒霸等。这类软件不仅具有消灭电脑病毒的能力，还能有效地防御黑客活动。此外，为了更好地防止病毒的侵害，用户必须及时更新他们的杀毒软件，确保所采用的软件是最新的，以抵御最新的安全风险。

6. 加强用户账户安全

用户账户包括网上银行账户、电子邮件账户和系统登录账户。加强用户账户的安全是防止黑客攻击的最基本和最简单的方法。例如，用户可以设置复杂的账户名和密码，避免设置相同或类似的账户名，定期更改密码。

7. 数字签名技术

数字签名技术作为一种解决网络通信安全难题的有力工具，能够对电子文件进行准确的验证和识别，这在维护数据的隐私和完整性方面起到了至关重要的作用。该算法主要由 DSS 签名、RSA 签名以及散列签名组成。数字签名有多种实现方式，包括但不限于通用数字签名、基于对称加密技术的数字签名以及依赖时间戳的数字签名等。基于时间戳的数字签名技术引入了时间戳这一新概念，这大大减少了对已确认信息进行加密和解密所需的时间，同时也降低了数据加密和解密的频次。这项技术特别适合于需要高数据传输的应用场景。

第二章 计算机数据库与数据安全

在计算机技术迅猛发展、社会信息化进程加快以及大数据金融风靡的背景下，广大企事业管理人员、工程技术人员以及各行各业的相关人员都迫切希望掌握数据管理技术，以提高工作效率和工作质量；而对于面向 21 世纪的高层次人才，广大高校学生都需要学习并掌握数据库的基本知识和数据管理的基本技能，并开发出实用的数据库应用系统。

第一节 计算机数据库与数据库安全基本理论

一、计算机数据库基本理论

（一）数据库系统的概念

1. 数据

数据是事实或观察的结果，是对客观事物的逻辑归纳，是用于表示客观

事物的未经加工的原始素材，既可以用数字表示（如身高、体重、大小等数值型数据），也可以用非数字形式表示（如字符、文字、图表、图形、图像、声音等非数值型数据）。

2. 信息

信息则是经过加工后的数据，也就是有用的数据，是客观事物的特征通过一定物质载体形式的反映。信息是经过整理并通过分析、比较得出的推断或结论，能够反映客观事物的状态，和形式无关。

数据是具体的符号，信息是抽象概念。数据犹如原始材料，比如用户买的一份报纸，报纸上所有的内容都是数据，可用户不会把报纸上所有的数据看完，用户所看的或者关心的内容就是信息。

3. 数据库

数据库（Database，DB）是以一定的组织方式将相关数据组织在一起，存储在外部存储介质上所形成的、能为多个用户共享的、与应用程序相互独立的相关数据集合。在信息系统中，数据库是数据和数据库对象（如表、视图、存储过程等）的集合。数据库中的大量数据必须按一定的逻辑结构加以存储，目的是提高数据库中数据的共享性、独立性、安全性以及降低数据冗余度，以便对数据进行各种处理，并保证数据的一致性和完整性。

4. 数据库管理系统

数据库管理系统（Database Management System，DBMS）是管理数据库的软件工具，是帮助用户创建、维护和使用数据库的软件系统。它建立在操作系统的基础上，实现对数据库的统一管理和操作，满足用户对数据库进行访问的各种需要。目前广泛应用的大型数据库管理系统软件有 Oracle、Sybase、DB2 等，而在 PC 机上广泛应用的则有 SQL Server、Visual FoxPro、Access 等。

5. 数据库管理员

数据库管理员（Database Administrator，DBA）负责全面管理和控制数据库系统。数据库管理员是支持数据库系统的专业技术人员。数据库管理员的任务主要是决定数据库的内容，对数据库中的数据进行修改、维护，对数据库的运行状况进行监督，并且管理账号、还原数据，以及提高数据库的运行效率。

6. 数据库系统

数据库系统（Database System）泛指引入数据库技术后的系统，指在计算机系统中引入数据库后构成的系统，一般由数据库、数据库管理系统（及其开发工具）、应用系统、数据库管理员和用户构成。

数据库系统是一个由硬件、软件（操作系统、数据库管理系统和编译系统等）、数据库和用户构成的完整计算机应用系统。数据库是数据库系统的核心和管理对象。因此，数据库系统的含义已经不仅是一个对数据进行管理的软件，也不仅是一个数据库，数据库系统是一个实际运行的、按照数据库方式存储、维护和向应用系统提供数据支持的系统。

（二）数据管理技术的发展

数据管理技术是对数据进行分类、组织、编码、输入、存储、检索、维护和输出的技术。数据管理技术的发展大致经过了三个阶段：人工管理阶段、文件系统阶段、数据库管理系统阶段。

1. 人工管理阶段

20 世纪 50 年代以前，计算机主要用于数值计算。从当时的硬件看，外存只有纸带、卡片、磁带，没有直接存取设备；从软件看（实际上，当时还未形成软件的整体概念），没有操作系统以及管理数据的软件；从数据看，数据量小，数据无结构，由用户直接管理，且数据间缺乏逻辑组织，数据依赖于特定的应用程序，缺乏独立性。特点：其一是数据不保存，只是在计算某一具体问题时将数据进行输入，运行后得到输出结果，输入、输出和中间结果均不保存；其二是数据不共享，冗余度大，一组数据只对应一个应用程序，即使多个应用程序使用相同的数据，也要各自定义，不能共享，导致冗余度大；其三是数据缺乏独立性，数据和程序是紧密结合在一起的，数据的逻辑结构、物理结构和存储方式都是由程序规定的，没有文件的概念，数据的组织形式完全是由程序员决定。

2. 文件系统阶段

20世纪50年代后期到20世纪60年代中期，出现了磁鼓、磁盘等数据存储设备，出现了操作系统和专门的数据管理软件，称为文件系统。这种数据处理系统是把计算机中的数据组织成相互独立的数据文件，系统可以按照文件的名称对其进行访问，对文件中的记录进行存取，并可以实现对文件的修改、插入和删除。文件可以命名，应用程序可以"按文件访问、按记录进行读取"。文件系统实现了记录内的结构化，即给出了记录内各种数据间的关系，可以对文件进行修改、插入、删除操作。但是，文件从整体来看却是无结构的，其数据面向特定的应用程序，因此数据共享性、独立性差，且冗余度大，管理和维护的代价也很大。

3. 数据库管理系统阶段

从20世纪60年代后期开始，计算机数据管理技术进入了数据库这样的数据管理技术阶段。硬件方面有了大容量的磁盘，软件方面出现了大量的系统软件；处理方式上，联机实时处理要求增多，并开始考虑和提出分布式处理。数据库的特点是数据不再只针对某一特定应用，而是面向全组织，具有整体的结构性，共享性高，冗余度小，并且实现了对数据进行统一的控制。

与文件系统不同的是，数据库系统是面向数据的而不是面向程序的，各个处理功能通过数据库管理软件从数据库中获取所需要的数据和存储处理结果。它克服了文件系统的缺点，为用户提供了一种更为方便、功能强大的

数据库管理方法。

（三）数据库管理系统

数据库管理系统是以统一的方式管理、维护数据库中数据的一系列软件的集合，数据库管理系统在操作系统的支持与控制下运行。

用户一般不能直接加工和使用数据库中的数据，而必须通过数据库管理系统。数据库管理系统的主要功能是维护数据库系统的正常活动，接受并响应用户对数据库的一切访问要求，包括建立及删除数据库文件，检索、统计、修改和组织数据库中的数据以及为用户提供对数据库的维护手段等。通过使用数据库管理系统，用户可以逻辑地、抽象地处理数据，而不必关心这些数据在计算机中的存放方式以及计算机处理数据的过程细节，把一切处理数据的具体而繁杂的工作交给数据库管理系统去完成。因此，在信息素养已经成为现代人的基本素质之一的信息社会里，学习并掌握一种数据库管理系统不但重要，而且必要。数据库管理系统的功能归结起来主要有以下四点。

1. 数据库定义（描述）功能

数据库管理系统提供数据描述语言（Data Definition Language，DDL）实现对数据库逻辑结构的定义以及数据之间联系的描述。

2. 数据库操纵功能

数据库管理系统提供数据操纵语言（Data Manipulation Language，DML）实现对数据库检索、插入、修改、删除等基本操作。DML 通常分为两类：一类是嵌入语言，如嵌入 C、VC++等高级语言中，这类 DML 一般不能独立使用，称为宿主型语言；另一类是交互命令语言，它语法简单，可独立使用，称为自含型语言。目前，数据库管理系统广泛采用的就是可独立使用的自含型语言，为用户和应用程序员提供操纵使用数据库的语言工具。

3. 数据库管理功能

数据库管理系统提供了对数据库的建立、更新、结构维护以及恢复等管理功能。它是数据库管理系统运行的核心部分，所有数据库的操作都要在其统一管理下进行，以保证操作的正确执行，保证数据库的正确有效。

4. 通信功能

数据库管理系统提供数据库与操作系统的联机处理接口以及用户与数据库的接口。作为用户与数据库的接口，用户可以通过交互式和应用程序方式使用数据库。交互式直观明了，使用简单，通常借助 DML 对数据库中的数据进行操作；应用程序方式则是用户或应用程序员通过文本编辑器编写应用程序，实现对数据库中数据的各种操作。

（四）数据库系统

数据库系统是指在计算机系统中引入数据库后构成的系统。

数据库系统一般由四部分组成：数据库、数据库管理系统、计算机系统和人（数据库管理人员、用户）。

数据库系统的特点主要有以下五个方面。

1. 数据共享

数据共享是数据库系统的目的，也是它的重要特点。数据共享是指多个用户可以同时存取数据而不相互影响，它包含三个方面的含义：所有用户可以同时存取数据；数据库不仅可以为当前用户服务，也可以为将来的新用户服务；可以使用多种语言完成与数据库的接口。

2. 数据的独立性

数据独立是指数据与应用程序之间彼此独立，不存在相互依赖的关系。应用程序不必随数据存储结构的改变而改变，这是数据库的一个最基本的优点。

3. 可控冗余度

数据冗余就是数据重复，数据冗余既浪费存储空间，又容易产生数据的不一致。在数据库系统中，由于数据集中使用，从理论上说可以消除冗余，但实际上出于提高检索速度等方面的考虑，常常允许部分冗余存在。这种冗余是可以由设计者控制的，故称为"可控冗余"。

4. 数据的一致性

数据的一致性是指数据的不矛盾性。比如，在上述员工培训管理系统中，某员工的职称信息在员工基本信息中为"讲师"，而在员工培训需求信息中为"助讲"，这就称为数据不一致。如果数据有冗余，就容易引起数据的不一致。由于数据库能减少数据的冗余，同时提供对数据的各种检查和控制，保证在更新数据时能同时更新所有副本，维护了数据的一致性。

（五）数据库系统的网络结构

1. 大型数据库

大型数据库是由一台性能很强的计算机（称为主机或者数据库服务器）负责处理庞大的数据，用户通过终端机与大型主机相连，以存取数据。

2. 本地小型数据库

在用户较少、数据量不大的情况下，可使用本地小型数据库。小型数据库一般是由个人建立的个人数据库。常用的个人数据库有 Access 和 FoxPro 等。

3. 分布式数据库

分布式数据库是为了解决大型数据库反应缓慢的问题而提出的，它是由多台数据库服务器组成。

4. 客户机/服务器数据库

在客户机/服务器数据库的网络结构中，数据库的处理可分为两个系统，

即客户机（Client）和数据库服务器（Database Server），前者运行数据库应用程序，后者运行全部或者部分数据库管理系统。在客户机上的数据库应用程序将请求通过网络发送给数据库服务器，数据库服务器对此请求进行搜索，并将用户所需的数据返回到客户机。

二、数据库安全基本理论

（一）数据库安全的含义

数据库安全是指数据库的任何部分都没有受到侵害，或没有受到未经授权的存取和修改。数据库安全性问题一直是数据库管理员所关心的问题。

数据库系统的安全需求与其他系统大致相同，要求有完整性、可靠性、有效性、保密性、可审计性及存取控制和用户身份鉴定等。数据库的完整性与可靠性指保证数据的正确性，它涉及数据库内容的正确性、有效性和一致性。实现数据完整性是为了保证数据库中数据的正确、有效，使其免受无效更新的影响。这些无效更新包括错误地更改和输入数据、用户的误操作以及机器故障等。此外还应防止外部非法程序或外部力量（如火灾或断电）篡改或干扰数据，使得整个数据库被破坏（例如，发生磁盘物理损坏或其他损坏）或者单个数据项不可读。

数据库安全主要包括两方面的内容。

1. 数据库系统的安全性

数据库系统的安全性主要指系统运行的安全性。系统运行安全是指对系统通常在运行时会受到一些网络不法分子通过利用网络、局域网等途径入侵电脑，使系统无法正常启动，或让机子超负荷运行大量算法，并关闭中央处理器（Central Processing Unit，CPU）风扇，使 CPU 过热烧坏等一系列的破坏性活动的保护措施。系统运行安全的内容包括法律、政策的保护，如用户是否有合法权限、政策是否允许等；物理控制安全，如机房是否加锁等；硬

件运行安全；操作系统安全，如数据文件是否受保护等；灾害、故障恢复；死锁的避免和解除；防止电磁信息泄漏等。

2. 数据库数据的安全性

数据库数据安全性是指在对象级控制数据库的存取和使用的机制，确定哪些用户可存取指定的模式对象及在对象上允许有哪些操作类型。数据库数据安全包括：有效的用户名，密码鉴别；用户访问权限控制；数据存取权限、方式控制；审计跟踪；数据加密；防止电磁信息泄露。

数据库数据的安全措施应能确保在数据库系统关闭后，当数据库数据存储媒体被破坏或当数据库用户误操作时，数据库数据信息不会丢失。对于数据库数据的安全问题，数据库管理员可以采取系统双机的备份、数据库的备份和恢复、数据加密、访问控制等措施。

（二）数据库面临的安全问题

对于数据库系统来说，威胁主要来自非法访问数据库信息；恶意破坏数据库或未经授权非法修改数据库数据；用户通过网络进行数据库访问时，受到各种攻击，如搭线窃听等；对数据库的不正确访问，引起数据库数据的错误。对抗这些威胁，仅采用操作系统和网络中的保护是不够的，因为它的结构与其他系统不同，含有重要程度和敏感级别不同的各种数据，并为拥有各种特权的用户共享，同时又不能超出给定的范围。它涉及的范围更广，除了对计算机、外部设备、联机网络和通信设备进行物理保护外，还要采取软件保护技术，防止非法运行系统软件、应用程序和用户专用软件；采取访问控制和加密技术，防止非法访问或盗用机密数据；对非法访问进行记录和跟踪，同时要保证数据的完整性和一致性等。

常见的数据库的安全漏洞和威胁有以下几种。

1. 数据库配置复杂，且安全维护困难

由于数据库是个极为复杂的系统，因此很难进行正确的配置和安全维

护。数据库服务器的应用一般都非常复杂。例如，Oracle、Sybase、Microsoft SQL Server 等服务器都具有以下特征：用户账号及密码、校验系统、优先级模型和控制数据库目标的特别许可、内置式命令、唯一的脚本和编程语言、中间件、网络协议、补丁和服务包、强有力的数据库管理实用程序和开发工具。许多数据库管理员都忙于管理复杂的系统，所以很可能未及时检查出严重的安全隐患和不当的配置，甚至根本没有进行检测。正是传统的安全体系在很大程度上忽略了数据库安全这一问题，导致数据库专业人员未对安全问题加以足够的重视。

2. 特权滥用

数据库通常通过用户的存取特权在逻辑上将数据分离。数据库管理指定谁被允许存取字段、记录或元素等数据。DBMS 必须实施这一策略，授权存取所有指定数据或禁止存取所指定的数据。而且，存取方式是很多的。用户或程序有权读、修改、删除或加入值，增加或删除整个字段或记录，或者组织整个数据库。

特权滥用大致有三种情况。

（1）过度的特权滥用

在用户（或应用程序）得到访问数据库的特权授权时（这种授权超过了其工作职能的要求），这些特权可能被用于恶意的目的。

（2）合法的特权滥用

用户还可能将特权用于非授权的目的，例如具有欺诈倾向的卫生保健工作人员拥有通过定制的 Web 应用程序来查看个别病人记录的特权，并利用这些数据达到非法的目的。

（3）特权提升

攻击者可以利用数据库平台软件的漏洞将普通用户的访问权提升为管理员的特权。这些漏洞可存在于存储过程、内置函数、协议执行中，甚至存在于 SQL 语句中。

3．数据库机制漏洞

部分数据库机制威胁网络低层安全。例如，某公司的数据库里面保存着所有技术文档、手册和白皮书，但却不重视数据库的安全。这样，即使运行在一个非常安全的操作系统上，入侵者也能很容易通过数据库获得操作系统权限。这些存储过程能提供一些执行操作系统命令的接口，而且能访问所有的系统资源，如果该数据库服务器还同其他服务器建立着信任关系，那么，入侵者就能够对整个域产生严重的安全威胁。因此，少数数据库安全漏洞不仅威胁数据库的安全，也威胁到操作系统和其他可信任系统的安全。

4．不健全的认证

不健全的认证方案使得攻击者通过窃取登录的机密信息而假冒为合法的数据库用户身份，攻击者可以采取多种策略来获取登录机密信息。

（1）强力攻击

攻击者不断地输入用户名和口令的组合直至发现其中的某个可以奏效。强力攻击包括简单地猜测，还包括对所有可能的用户名和口令的组合进行系统化的穷举。通常情况下，攻击者将会使用自动化的程序来加速强力攻击过程。

（2）社交工程

也有人称为社会工程，无论如何，攻击者都是利用自然人的信任倾向，目的是使人愿意提供其登录凭证。例如，攻击者可以通过电话将自己描述为IT经理，要求用户提供登录凭证以便于对系统进行维护。

（3）直接窃取登录凭证

攻击者可通过复制口令文件等方式窃取登录凭证。

5．系统敏感信息和数字资产的非法访问

在信息化高度发达的现代社会，很多公司的主要电子数字资产都存储在现代的关系型数据库系统中。商业机构和政府组织等不同机构团体都是利用

这些数据库服务器了解相关人事信息，如员工的信息资料、工资表、医疗记录等。这些隐私信息都需要进行保护。此外，数据库服务器还存有敏感的金融数据，在这种情况下更是要加以保护，防止信息被非法访问。

6. 不健全的审计

自动记录所有的敏感数据或不正常的数据库业务应当成为底层的任何数据库部署基础的一部分，不健全的数据库审计策略代表着多种等级的一系列风险。

数据库软件平台一般都集成了基本的审计功能，不过这些功能却由于种种弱点而限制或阻止了对它们的部署。分述如下。

（1）缺乏用户责任

在用户通过 Web 应用程序访问数据库时，本地的审计机制并不知道特定的用户身份。但在这种情况下，所有的用户活动都与 Web 应用程序账户名称有联系。因此，在本地审计日志揭示出发生了欺诈性的数据库业务时，就找不到该为此负责的用户。

（2）性能降低

本地的数据库审计机制由于占用 CPU 和磁盘资源而饱受影响。在打开审计功能时，性能的严重降低迫使许多企业减少审计范围或干脆放弃审计。

（3）责任分离

对数据库服务器拥有管理员访问特权的用户们（不管是合法的还是非法获取的）都可以轻松地关闭审计功能来隐藏其欺诈性活动。理想情况下，审计责任应当将数据库管理员和数据库服务器分离开来。

第二节　数据库安全防护措施分析

目前，计算机大批量数据存储的安全问题、敏感数据的防窃取和防篡改

问题越来越引起人们的重视。数据库系统作为计算机信息系统的核心部件，数据库文件作为信息的聚集体，其安全性是非常重要的。因此，对数据库数据和文件进行安全保护是非常必要的。

一、用户标识和鉴别

用户的标识（Identification）和鉴别（Authentication）是数据库应用系统安全控制机制提供的最重要、最外层的安全保护措施。其方法是由系统提供一定的方式让用户标识自己的身份。每当用户要求进入系统时，系统首先根据输入的用户标识进行身份鉴别，只有通过身份鉴别的合法用户才准许进入系统，并为其提供数据库应用系统的使用权。

由于数据库用户的安全等级是不同的，因此分配给他们的权限也是不一样的，数据库系统必须建立严格的用户认证机制。身份的标识和鉴别是DBMS 对访问者授权的前提，并且通过审计机制使 DBMS 保留追究用户行为责任的能力。功能完善的标识与鉴别机制也是访问控制机制有效实施的基础，特别是在一个开放的多用户系统的网络环境中，识别与鉴别用户是构筑DBMS 安全防线的第一个重要环节。

鉴别用户的常用方法主要有以下几种。

（1）用户标识（用户名）与用户密码相结合的用户标识及鉴别方法。用户名是一种公开的用户标识符，用户密码是由用户自己设置的具有保密性的用户身份鉴别方式。

（2）通行字用户标识及鉴别方法。通行字也称为"口令"或"密码"，它是一种根据已知事物验证身份的方法，也是一种被最广泛研究和使用的身份验证方法。在数据库系统中往往对通行字采取一些控制措施，常见的有最小长度限制、尝试次数限定、字符选择限制、有效期限制、双通行字和封锁用户账户等。一般还需考虑通行字的分配和管理，以及在计算机中的安全存储。通行字多以加密形式存储，攻击者要得到通行字，必须知道加密算法和密钥。算法可能是公开的，但密钥应该是秘密的。

（3）语音会话用户标识及鉴别方法，即通过特定人的语音识别系统登录系统。

（4）用户的个人特征。指纹识别已经成为一种方便实用的用户身份鉴别方式。

（5）用户身份证明卡片（IC 卡）。智能卡（有源卡、IC 卡或 Smart 卡）作为个人所有物，可以用来验证个人身份，典型智能卡主要由微处理器、存储器、输入/输出接口、安全逻辑及运算处理器等组成。在智能卡中引入了认证的概念，认证是智能卡和应用终端之间通过相应的认证过程来相互确认合法性。在卡和接口设备之间只有相互认证之后才能进行数据的读写操作，目的在于防止伪造应用终端及相应的智能卡。

使用密码保护数据库和数据库中对象的安全性称为共享级安全性。对于单机使用的数据库或者是需要工作组（由使用同一数据库应用系统的不同用户组成）共享的数据库，仅设置密码保护较为合适。知道密码的组成员都有数据库的完全操作权限，彼此之间的使用权限没有什么区别。任何掌握密码的人都可以无限制地访问所有数据库对象及数据。

二、存取控制

所谓数据库的存取控制，是一种用于定义和控制一个主体（数据库管理员或用户）对另一个客体（数据库对象）的存取访问权限的机制。对数据库存取访问权限的定义称为授权。数据库安全最重要的一点就是确保把访问数据库的权限只授权给有资格的用户，同时令所有未被授权的人员无法接触数据。

传统的存取控制机制有两种，即自主存取控制（Discretionary Access Control，DAC）和强制存取控制（Mandatory Access Control，MAC）。在 DAC 机制中，用户对不同的数据对象有不同的存取权限，而且还可以将其拥有的存取权限转授给其他用户。DAC 访问控制完全基于访问者和对象的身份；MAC 机制对于不同类型的信息采取不同层次的安全策略，对不同类型的数据进行访问授权。在 MAC 机制中，存取权限不可以转授，所有用户必须遵

守由数据库管理员建立的安全规则，其中最基本的规则为"向下读取，向上写入"。显然，与 DAC 相比，MAC 机制比较严格。

在数据库系统中主要有两类用户：一类是数据库管理员（Database Administrator，DBA）；另一类是数据库应用系统的用户，简称为数据库用户。

数据库管理员具有管理数据库的一切特权，包括以下几个方面。

（1）连接登录数据库。

（2）建立和撤销任何数据库用户。

（3）授予和收回用户对数据库表的访问特权。

（4）为任何用户的数据库表建立所有用户都可使用的别名（PUBLIC 同义词）。

（5）利用 SQL 语句访问任何用户建立的数据库表中的数据。

（6）对整个数据库或对某些数据库表进行跟踪审计。

（7）进行数据库备份和恢复备份等。

近年来，基于角色的存取控制（Role-Based Access Control，RBAC）得到了广泛的关注。RBAC 在主体和权限之间增加了一个中间桥梁——角色。权限被授予角色，而管理员通过指定用户为特定角色来为用户授权，从而大大简化了授权管理，具有强大的可操作性和可管理性。角色可以根据组织中的不同工作创建，然后根据用户的责任和资格分配角色，用户可以轻松地进行角色转换。随着新应用和新系统的增加，角色可以分配更多的权限，也可以根据需要撤销相应的权限。

RBAC 属于策略中立型的存取控制模型，既可以实现自主存取控制策略，又可以实现强制存取控制策略。它可以有效缓解传统安全管理处理瓶颈问题，被认为是一种普遍适用的访问控制模型，尤其适用于大型组织的有效的访问控制机制。

三、数据库审计

对于数据库系统，数据的使用、记录和审计是同时进行的。审计的主要

任务是对应用程序或用户使用数据库资源的情况进行记录和审查，一旦出现问题，审计人员对审计事件记录进行分析，查出原因。因此，数据库审计可作为保证数据库安全的一种补救措施。

数据库审计就是对应用程序或用户使用资源（包括数据）的情况进行记录并把记录信息放入审计日志中，DBA 可以利用审计跟踪的信息找出非法存取数据的人、时间和内容等，以保证数据的安全。

由于审计行为将影响 DBMS 的存取速度和反馈时间，因此，必须综合考虑安全性和系统性能，按需要提供配置审计事件的机制，以允许数据库管理员根据具体系统的安全性和性能需求做出选择。这些可由多种方法实现，如扩充、打开/关闭审计的结构化查询语言（Structured Query Language，SQL）语句，或使用审计掩码。

数据库审计有用户审计和系统审计两种方式。

（一）用户审计

DBMS 的审计系统记下所有对表或视图进行访问的企图（包括成功的和不成功的）及每次操作的用户名、时间、操作代码等信息。这些信息一般都被记录在数据字典（系统表）之中，利用这些信息用户可以进行审计分析。

（二）系统审计

系统审计由系统管理员进行，其审计内容主要是系统一级命令及数据库客体的使用情况。

四、数据容灾

对于 IT 领域而言，容灾系统就是为计算机信息系统提供的一个能应对各种灾难的环境。当计算机系统在遭受如火灾、水灾、地震、战争等不可抗拒的灾难和意外时，容灾系统将保证用户数据的安全性（数据容灾）。甚至，一个更加完善的容灾系统还能提供不间断的应用服务（应用容灾）。可以说，

容灾系统是存储应用的最高境界。

（一）数据容灾系统

一个容灾备份系统，需要考虑多方面的因素，如备份和恢复数据量大小、灾难发生时数据的丢失量、应用数据中心和备援数据中心之间的地理距离和数据传输方式、灾难发生时所要求的恢复速度和恢复层次、备援中心的管理及投入资金等。根据这些因素和不同的应用场合，容灾备份中心自动异地远程恢复被定义有七层，其中包含以下两个技术指标。

第一，RPO（Recovery Point Objective）：即数据恢复点目标，主要指的是应用系统所能容忍的数据丢失量。

第二，RTO（Recovery Time Objective）：即恢复时间目标，主要指的是所能容忍的应用停止服务的最短时间，也就是从灾难发生到应用系统恢复服务功能所需要的最短时间周期。

RPO 描述的是数据丢失指标，而 RTO 描述的是服务丢失指标，二者没有必然的关联性。但是，RPO 的增多会造成 RTO 的延长，将造成系统可用度的降低。实际中可根据 RPO 和 RTO 的要求规划建设容灾备份系统。

一个数据灾备系统的数据备份和恢复质量，主要取决于下列因素。

1. 数据传送模式

可选择的数据传送模式有网络传输、人工运输等，对于网络传输，可选择租用电信部门的"裸光纤"的方式来连接本地和异地的网络存储设备，实现网上数据传输。尽管人工运输成本低，但数据灾备质量也比较低。

2. 数据备份模式

可选择的数据备份模式有实时备份、定时备份等，实时备份是指通过网络传输模式将本地更新的数据实时传送到异地的存储设备上。而定时备份是指采用网络或人工运输模式将本地更新的数据定时传送到异地的存储设备上。二者相比，实时备份模式的数据灾备质量高。

3．数据更新模式

在实时备份模式中，又进一步分为同步更新和异步更新等数据更新模式。同步更新是指在执行数据写入操作时，系统必须等到本地和异地的数据更新都完成后，才向用户发出写入成功的应答，由于本地和异地存在一定的时间差，因此在数据更新时用户等待的时间比较长。异步更新是指在执行数据写入操作时，只要本地数据更新完成后，便可向用户发出写入成功的应答，而不必等到异地数据更新完成，虽然响应速度比较快，但存在着异地数据更新可能失效的问题，需要采取一定的措施来弥补。

容灾系统包括数据容灾和应用容灾两部分。数据容灾可保证用户数据的完整性、可靠性和一致性，但不能保证服务不被中断。应用容灾是在数据容灾的基础上，在异地建立一套完整的与本地生产系统相当的备份应用系统，在灾难情况下，远程系统迅速接管业务运行，提供不间断的应用服务，让客户的服务请求能够继续。可以说，数据容灾是系统能够正常工作的保障；而应用容灾则是容灾系统建设的目标，它是建立在可靠的数据容灾基础上，通过应用系统、网络系统等各种资源之间的良好协调来实现的。

根据系统规模大小以及灾备质量，数据灾备中心大致可分为企业级、城市级、区域级和国家级。

（1）系统服务容错：本地通过两台高性能服务器实现双机热备系统，如果一台服务器发生故障，则另一台服务器会接管所有的业务，保证了业务连续性。

（2）本地同步数据备份：本地通过 FC 光纤交换机和两台磁盘阵列实现同步数据备份（亦称数据镜像）功能。当生产磁盘阵列发生故障时，将自动切换到镜像磁盘阵列，确保了生产数据的高可靠性以及业务系统的高可用性。

（3）异地异步数据备份：通过两条光纤链路（裸光纤）将本地 FC 光纤交换机和异地 FC 光纤交换机连接起来，实现异地异步数据备份和数据灾备

功能。当本地存储系统被破坏时，可以利用异地存储的数据备份来恢复系统和数据。

从广义上讲，任何提高系统可用性的努力都可称为容灾。但是现在人们谈及容灾往往只是针对本地容灾而言。但对企业来说，仅有本地容灾是远远不够的，更多的应是异地容灾。因此，一套完整的容灾方案应该包括本地容灾系统和异地容灾系统。

（二）数据容灾技术

1. 远程镜像技术

镜像技术是在主数据中心和备援中心之间进行数据备份时用到。镜像是在两个或多个磁盘或磁盘子系统上产生同一个数据的镜像视图的信息存储过程，一个称为主镜像系统，另一个称为从镜像系统。按主从镜像存储系统所处的位置可分为本地镜像和远程镜像。远程镜像又叫远程复制，是容灾备份的核心技术，同时也是保持远程数据同步和实现灾难恢复的基础。远程镜像按请求镜像的主机是否需要远程镜像站点的确认信息，又可分为同步远程镜像和异步远程镜像。

同步远程镜像（同步复制技术）是指通过远程镜像软件，将本地数据以完全同步的方式复制到异地，每一个本地的 I/O 事务均需等待远程复制的完成确认信息，方可予以释放。同步镜像使远程复制总能与本地机要求复制的内容相匹配。当主站点出现故障时，用户的应用程序切换到备份的替代站点后，被镜像的远程副本可以保证业务继续执行而没有数据的丢失。但同步远程镜像系统存在往返传输造成延时较长的缺点，因此只限于在相对较近的距离间应用。

异步远程镜像保证在更新远程存储视图前完成向本地存储系统的操作，而由本地存储系统提供给请求镜像主机的操作完成确认信息。远程的数据复制是以后台同步的方式进行的，这使本地系统性能受到的影响很小，传输距离长，对网络带宽要求小。但是，远程的从属存储子系统的写没有得到确认，当某种因素造成数据传输失败，可能出现数据一致性问题。为了解决这个问题，目前大多采用延迟复制的技术，即在确保本地数据完好无损后进行远程数据更新。

2. SAN 技术

存储区域网络（Storage Area Network，SAN），其位于服务器后端，将各种存储设备集中起来形成一个专用存储网络，便于数据的集中管理。SAN 的概念是在 1998 年首次提出的，它是一种可使服务器与诸如大磁盘阵列或备份磁带库等存储设备之间进行点到点连接通信的存储网络系统，它通过一个单独的、专用的网络，把存储设备和服务器连在一起。由于允许任何服务器连接到任何存储阵列，因此不管数据放置在哪里，服务器都可直接存取所需的数据。

3. NAS 技术

网络附加存储（Network Attached Storage，NAS）使用了传统以太网和 IP 协议，当进行文件共享时，则利用 NFS 和 CIFS（Common Internet File System）沟通 NT 和 UNIX 系统。由于 NFS 和 CIFS 都是基于操作系统的文件共享协议，所以 NAS 的性能特点是进行小文件级的共享存取。

NAS 存储备份系统比 SAN 简单，只需要将 NAS 设备通过网卡接入现有的 LAN，而磁带库则通过备份服务器也接入 LAN。这里通过 LAN 备份 NAS 设备和其他服务器的数据部署非常简单和快捷，不仅提高了现有网络的使用率，保护了用户的投资，也降低了系统管理员的维护难度。一般来说，NAS 解决方案是低成本、易安装的点式方案，适用于数据量相对较小，对数据读取速度要求不是很苛刻的企业存储。

4. 快照技术

远程镜像技术往往同快照技术结合起来实现远程备份，即通过镜像把数

据备份到远程存储系统中，再用快照技术把远程存储系统中的信息备份到远程的磁带库、光盘库中。

快照是通过软件对要备份的磁盘子系统的数据快速扫描，建立一个要备份数据的快照逻辑单元号（LUN）和快照 Cache。在快速扫描时，把备份过程中即将要修改的数据块同时快速复制到快照 Cache 中。快照 LUN 是一组指针，它指向快照 Cache 和磁盘子系统中不变的数据块（在备份过程中）。在正常业务进行的同时，利用快照 LUN 实现对原数据的一个完全备份。它可使用户在正常业务不受影响的情况下，实时提取当前在线业务数据。其"备份窗口"接近于零，可大大增加系统业务的连续性，为实现系统真正的 7 d×24 h 运转提供了保证。

第三节　数据库安全保护层次

数据库系统的安全除依赖于其内部的安全机制外，还与外部网络环境、应用环境、从业人员素质等因素有关，因此，从广义上讲，数据库系统的安全框架可以划分为三个层次。一是网络系统层次；二是操作系统层次；三是数据库管理系统层次。这三个层次构成数据库系统的安全体系，与数据库安全的关系是逐层紧密联系的，防范的重要性也逐层加强，从外到内、由表及里保证数据的安全。

一、网络系统层次

随着 Internet 的广泛应用，越来越多的企业将其核心业务转向互联网，各种基于网络的数据库应用系统也得到了广泛应用，面向网络用户提供各种信息服务。在新的行业背景下，网络系统是数据库应用的重要基础和外部环境，数据库系统要发挥其强大作用离不开网络系统的支持，如数据库系统的异地用户、分布式用户也要通过网络才能访问数据库。

外部入侵通常是从入侵网络系统开始，所以网络系统的安全成为数据库安全的第一道屏障。计算机网络系统的开放式环境面临许多安全威胁，主要包括欺骗、重发或重放、报文修改、拒绝服务、陷阱门或后门、病毒和攻击等。因此，必须采取有效的措施。技术上，网络系统层次的安全防范技术有多种，包括防火墙、入侵检测、协作式入侵检测技术等。

二、操作系统层次

操作系统安全性方面的弱点总是可能成为对数据库进行未授权访问的手段。操作系统是大型数据库系统的运行平台，为数据库系统提供了一定程度的安全保护。目前操作系统平台大多数集中在 Windows NT 和 UNIX 上，安全级别通常为 C1、C2 级；主要安全技术包括操作系统安全策略、安全管理策略、数据安全等。

而操作系统安全策略则主要用于配置本地计算机的安全设置，包括密码策略、账户锁定策略、审核策略、IP 安全策略、用户权限指派、加密数据的恢复代理以及其他安全选项，具体可以体现在用户账户、口令、访问权限、审计等方面。

三、数据库管理系统层次

数据库系统的安全性在很大程度上依赖于 DBMS。如果 DBMS 的安全性机制非常完善，则数据库系统的安全性能就好。目前市场上流行的是关系型数据库管理系统，其安全性功能较弱，这就对数据库系统的安全性存在一定的威胁。

由于数据库系统在操作系统下都是以文件形式进行管理，因此入侵者可以直接利用操作系统漏洞窃取数据库文件，或者直接利用操作系统工具非法伪造、篡改数据库文件内容。

　　数据库管理系统层次安全技术主要是用来解决这些问题，即当前面两个层次已经被突破的情况下仍能保障数据库数据的安全，这就要求数据库管理系统必须有一套强有力的安全机制。对数据库文件进行加密处理是解决该层次安全问题的有效方法。因此，即使数据不慎泄露或者丢失，也难以被人破译和阅读。

第三章　网络安全技术

第一节　计算机网络安全

一、网络安全的含义与目标

（一）网络安全的含义

网络安全从其本质上来讲就是网络上的信息安全。它涉及的领域相当广泛，这是由于在目前的公用通信网络中存在着各种各样的安全漏洞和威胁。从广义上来说，凡是涉及网络信息的保密性、完整性、可用性、真实性和可控性的相关技术与原理，都是网络安全所要研究的领域。

网络安全是指网络系统的硬件、软件及其系统中的数据的安全，它体现在网络信息的存储、传输和使用过程中。所谓网络安全性，就是网络系统的硬件、软件及其系统中的数据受到保护，不因偶然的或者恶意的因素而遭到破坏、更改、泄露，系统能够连续可靠正常地运行，网络服务不中断。它的

保护内容包括：保护服务、资源和信息；保护节点和用户；保护网络私有性。

从不同的角度来说，网络安全具有不同的含义。

从一般用户的角度来说，他们希望涉及个人隐私或商业利益的信息在网络上传输时受到保密性、完整性和真实性的保护，避免其他人或对手利用窃听、冒充、篡改等手段对用户信息进行损害和侵犯，同时也希望用户信息不受非法用户的非授权访问和破坏。

从网络运行与管理者的角度来说，他们希望对本地网络信息的访问、读写等操作受到保护和控制，避免出现病毒、非法存取、拒绝服务和网络资源的非法占用及非法控制等威胁，制止和防御网络黑客的攻击。

对安全保密部门来说，他们希望对非法的、有害的或涉及国家机密的信息进行过滤和防堵，避免其通过网络泄露，避免由于这类信息的泄密对社会产生危害，给国家造成巨大的经济损失，甚至威胁到国家安全。

从社会教育和意识形态角度来说，网络上不健康的内容会对社会的稳定和人类的发展造成阻碍，必须对其进行控制。

由此可见，网络安全在不同的环境和应用中会得到不同的解释。

（二）网络安全的目标

从计算机网络安全的定义可以看出，网络安全应达到以下几个目标。

1. 保密性

保密性是指对信息或资源的隐藏，是信息系统防止信息非法泄露的特征。信息保密的需求源自计算机在敏感领域的使用。访问机制支持保密性。其中密码技术就是一种保护保密性的访问控制机制。所有实施保密性的机制都需要来自系统的支持服务。其前提条件是：安全服务可以依赖于内核或其他代理服务来提供正确的数据，因此假设和信任就成为保密机制的基础。

保密性可以分为以下四类。

（1）连接保密：对某个连接上的所有用户数据提供保密。

（2）无连接保密：对一个无连接的数据包的所有用户数据提供保密。

（3）选择字段保密：对一个协议数据单元中的用户数据经过选择的字段提供保密。

（4）信息流保密：对可能通过观察信息流导出信息的信息提供保密。

2．完整性

完整性是指信息未经授权不能改变的特性。完整性与保密性强调的侧重点不同，保密性强调信息不能非法泄露，而完整性强调信息在存储和传输过程中不能被偶然或蓄意修改、删除、伪造、添加、破坏或丢失，信息在存储和传输过程中必须保持原样。

信息完整性表明了信息的可靠性、正确性、有效性和一致性，只有完整的信息才是可信任的信息。影响信息完整性的因素主要有硬件故障、软件故障、网络故障、灾害事件、入侵攻击和计算机病毒等。保障信息完整性的技术主要有安全通信协议、密码校验和数字签名等。实际上，数据备份是防范信息完整性受到破坏的最有效恢复手段。

3．可用性

可用性是指信息可被授权者访问并按需求使用的特性，即保证合法用户对信息和资源的使用不会被不合理地拒绝。对网络可用性的破坏，包括合法用户不能正常访问网络资源和有严格时间要求的服务不能得到及时响应。影响网络可用性的因素包括人为与非人为两种。前者是指非法占用网络资源，切断或阻塞网络通信，降低网络性能，甚至使网络瘫痪等；后者是指灾害事故（如火、水、雷击等）和系统死锁、系统故障等。

保证可用性最有效的方法是提供一个具有普适安全服务的安全网络环境。通过使用访问控制阻止未授权资源访问，利用完整性和保密性服务来防止可用性攻击。访问控制、完整性和保密性成为协助支持可用性安全服务的机制。

（1）避免受到攻击

一些基于网络的攻击旨在破坏、降低或摧毁网络资源。解决办法是加强

这些资源的安全防护，使其不受攻击。免受攻击的方法包括：关闭操作系统和网络配置中的安全漏洞；控制授权实体对资源的访问；防止路由表等敏感网络数据的泄露。

（2）避免未授权使用

当资源被使用、占用或过载时，其可用性就会受到限制。如果未授权用户占用了有限的资源（如处理能力、网络带宽和调制解调器连接等），则这些资源对授权用户就是不可用的，通过访问控制可以限制未授权使用。

（3）防止进程失败

操作失误和设备故障也会导致系统可用性降低。解决方法是使用高可靠性设备、提供设备冗余和提供多路径的网络连接等。

4. 可控性

可控性是指对信息及信息系统实施安全监控管理。主要针对危害国家信息的监视审计，控制授权范围内的信息的流向及行为方式。使用授权机制控制信息传播的范围和内容，必要时能恢复密钥，实现对网络资源及信息的可控制能力。

5. 不可否认性

不可否认性是对出现的安全问题提供调查的依据和手段。使用审计、监控、防抵赖等安全机制，使得攻击者和抵赖者无法逃脱，并进一步对网络出现的安全问题提供调查依据和手段，保证信息行为人不能否认自己的行为。实现信息安全的可审查性，一般通过数字签名等技术来实现不可否认性。

（1）不得否认发送

这种服务向数据接收者提供数据源的证据，从而可以防止发送者否认发送过这个数据。

（2）不得否认接收

这种服务向数据发送者提供数据已交付给接收者的证据，因而接收者事后不能否认曾收到此数据。

二、网络面临的安全威胁及其成因

（一）网络面临的安全威胁

研究网络安全，首先要研究构成网络安全威胁的主要因素。网络的安全威胁是指网络信息的一种潜在的侵害。危害计算机网络安全的因素分为自然和人为两大类。

1. 自然因素

自然因素包括各种自然灾害，如水灾、火灾、雷击、风暴、烟尘、虫害、鼠害、海啸、地震等；系统的环境和场地条件，如温度、湿度、电源、地线和其他防护设施不良所造成的威胁；电磁辐射和电磁干扰的威胁；硬件设备老化，可靠性下降的威胁。

2. 人为因素

人为因素又有无意和故意之分。无意事件包括操作失误、意外损失、编程缺陷、意外丢失、管理不善、无意破坏；人为故意的破坏包括敌对势力蓄意攻击、各种计算机犯罪等。

攻击是一种故意性威胁，是对计算机网络的有目的的威胁。人为的恶意攻击是计算机网络所面临的最大威胁。

攻击可分为两大类，即被动攻击和主动攻击。这两种攻击均可对计算机网络造成极大的危害，导致机密数据的泄露，甚至造成被攻击的系统瘫痪。被动攻击是指在不影响网络正常工作的情况下，攻击者在网络上建立隐蔽通道截获、窃取他人的信息内容进行破译，以获得重要机密信息。主动攻击是以各种方式有选择地破坏信息的有效性和完整性。主动攻击主要有三种攻击方法，即中断、篡改和伪造；被动攻击只有一种形式，即截获。

（1）中断：当网络上的用户在通信时，破坏者可以中断他们之间的通信。

（2）篡改：当网络用户甲在向乙发送报文时，报文在转发的过程中被丙篡改。

（3）伪造：网络用户丙非法获取用户乙的权限并以乙的名义与甲进行通信。

（4）截获：当网络用户甲与乙进行网络通信时，如果不采取任何保密措施，其他人就有可能偷看到他们之间的通信内容。

由于网络软件不可能完全无缺陷或无漏洞，这些缺陷或漏洞正好成了攻击者进行攻击的首选目标。

（二）造成网络安全威胁的成因分析

网络面临的安全威胁与网络系统的脆弱性密切相关。如果网络系统健壮，则网络面临的威胁将大大减少；反之，如果网络系统脆弱，则网络所面临的威胁将迅速增加。网络系统的脆弱性主要表现为以下几个方面。

1. 操作系统的脆弱性

网络操作系统的体系结构本身就是不安全的，操作系统程序具有动态连接性；操作系统可以创建进程，这些进程可在远程节点上创建与激活，被创建的进程可以继续创建其他进程；网络操作系统为维护方便而预留的无口令入口也是黑客的通道。

2. 计算机系统本身的脆弱性

硬件和软件故障；存在超级用户，如果入侵者得到了超级用户口令，则整个系统将完全受控于入侵者。

3. 电磁泄漏

网络端口、传输线路和处理机都有可能因屏蔽不严或未屏蔽而造成电磁信息辐射，从而造成信息泄露。

4. 数据的可访问性

数据容易被复制而不留任何痕迹；网络用户在一定的条件下，可以访问

系统中的所有数据，并可将其复制、删除或破坏掉。

5. 通信系统和通信协议的弱点

网络系统的通信线路面对各种威胁就显得非常脆弱，非法用户可对线路进行物理破坏、搭线窃听、通过未保护的外部线路访问系统内部信息等；TCP/IP 及 FTP、E-mail、WWW 等都存在安全漏洞，如 FTP 的匿名服务浪费系统资源，E-mail 中潜伏着电子炸弹、病毒等威胁互联网安全，WWW 中使用的通用网关接口程序 Java Applet 程序等都能成为黑客的工具，黑客可采用 Sock、TCP 预测或远程访问直接扫描等攻击防火墙。

6. 数据库系统的脆弱性

由于数据库管理系统（DBMS）对数据库的管理建立在分级管理的概念上，DBMS 的安全必须与操作系统的安全配套，这无疑是一个先天的不足之处，因此 DBMS 的安全也可想而知；黑客通过探访工具可强行登录和越权使用数据库数据；而数据加密往往与 DBMS 的功能发生冲突或影响数据库的运行效率。

7. 网络存储介质的脆弱

软硬盘中存储着大量的信息，这些存储介质很容易被盗窃或损坏，造成信息的丢失。

此外，网络系统的脆弱性还表现为保密的困难性、介质的剩磁效应和信息的聚生性等。

三、网络安全策略

网络安全策略是保障机构网络安全的指导文件，一般而言，网络安全策略包括总体安全策略和具体安全管理实施细则两部分。总体安全策略用于构建机构网络安全框架和制定战略指导方针，包括分析安全需求、分析安全威胁、定义安全目标、确定安全保护范围、分配部门责任、配备人力物力、确

认违反策略的行为和相应的制裁措施。总体安全策略只是一个安全指导思想，还不能具体实施，在总体安全策略框架下针对特定应用制定的安全管理细则才规定了具体的实施方法和内容。

（一）网络安全策略总则

无论是制定总体安全策略，还是制定安全管理实施细则，都应当根据网络的安全特点遵循均衡性、时效性和最小限度原则。

1. 均衡性原则

由于存在软件漏洞、协议漏洞、管理漏洞，网络威胁永远不可能消除。网络安全只是一个相对概念，因为世界上没有绝对安全的系统。此外，网络易用性和网络效能与安全是一对天生的矛盾。夸大网络安全漏洞和威胁不仅会浪费大量投资，而且会降低网络易用性和网络效能，甚至有可能引入新的不稳定因素和安全隐患。忽视网络安全比夸大网络安全的后果更加严重，有可能造成机构或国家重大经济损失，甚至威胁到国家安全。因此，网络安全策略需要在安全需求、易用性、效能和安全成本之间保持相对平衡，科学制定均衡的网络安全策略是提高投资回报和充分发挥网络效能的关键。

2. 时效性原则

由于影响网络安全的因素随时间有所变化，所以网络安全问题具有显著的时效性。例如，网络用户增加、信任关系发生变化、网络规模扩大、新安全漏洞和攻击方法不断暴露都是影响网络安全的重要因素。因此，网络安全策略必须考虑环境随时间的变化。

3. 最小限度原则

网络系统提供的服务越多，安全漏洞和威胁也就越多。因此，应当关闭网络安全策略中没有规定的网络服务；以最小限度原则配置满足安全策略定义的用户权限；及时删除无用账号和主机信任关系，将威胁网络安全的风险降至最低。

（二）网络安全策略内容

大多数网络都是由网络硬件、网络连接、操作系统、网络服务和数据组成的，网络管理员或安全管理员负责安全策略的实施，网络用户则应当严格按照安全策略的规定使用网络提供的服务。因此，在考虑网络整体安全问题时应主要从网络硬件、网络连接、操作系统、网络服务、数据、安全管理责任和网络用户这几个方面着手。

1. 网络硬件物理管理措施

核心网络设备和服务器应设置防盗、防火、防水、防毁等物理安全设施以及温度、湿度、洁净度、供电等环境安全设施，每年因雷电击毁网络设施的事例层出不穷，位于雷电活动频繁地区的网络基础设施必须配备良好的接地装置。

核心网络设备和服务器最好集中放置在中心机房，其优点是便于管理与维护，也容易保障设备的物理安全，更重要的是能够防止直接通过端口窃取重要资料。防止信息空间扩散也是规划物理安全的重要内容，除光纤之外的各种通信介质、显示器以及设备电缆接口都不同程度地存在电磁辐射现象，利用高性能电磁监测和协议分析仪有可能在几百米范围内将信息复原，对于涉及国家机密的信息必须考虑采用电磁泄漏防护技术。

2. 网络连接安全

网络连接安全主要考虑网络边界的安全，如内部网与外部网、Internet有连接需求，可使用防火墙和入侵检测技术双层安全机制来保障网络边界的安全。内部网的安全主要通过操作系统安全和数据安全策略来保障，由于网络地址转换（Network Address Translator，NAT）技术能够对 Internet 屏蔽内部网地址，必要时也可以考虑使用 NAT 保护内部网私有的 IP 地址。

对网络安全有特殊要求的内部网最好使用物理隔离技术保障网络边界的安全。根据安全需求，可以采用固定公用主机、双主机或一机两用等不同

物理隔离方案。固定公用主机与内部网无连接，专用于访问 Internet 的控制，虽然使用不够方便，但能够确保内部主机信息的保密性。双主机在一个机箱中配备了两块主板、两块网卡和两个硬盘，双主机在启动时由用户选择内部网或 Internet 连接，较好地解决了安全性与方便性的矛盾。一机两用隔离方案由用户选择接入内部网或 Internet，但不能同时接入两个网络。这虽然成本低廉、使用方便，但仍然存在信息泄露的可能性。

3. 操作系统安全

操作系统安全应重点考虑计算机病毒和入侵攻击威胁。计算机病毒是隐藏在计算机系统中的一组程序，具有自我繁殖、相互感染、激活再生、隐藏寄生、迅速传播等特点，以降低计算机系统性能、破坏系统内部信息或破坏计算机系统运行为目的。截至目前，已发现有两万多种不同类型的计算机病毒。计算机病毒传播途径已经从移动存储介质转向 Internet，病毒在网络中以指数增长规律迅速扩散。

目前并没有特别有效的计算机病毒防治手段，主要还是通过增强病毒防范意识，严格安全管理，安装优秀防病毒、杀病毒软件来尽可能减少病毒入侵的机会。操作系统漏洞为入侵攻击提供了条件，因此经常升级操作系统、防病毒软件是提高操作系统安全性最有效、最简便的方法。

4. 网络服务安全

目前，网络提供的电子邮件、文件传输、Usenet 新闻组、远程登录、域名查询、网络打印和 Web 服务都存在着大量的安全隐患，虽然用户并不直接使用域名查询服务，但域名查询通过将主机名转换为主机 IP 地址为其他网络服务奠定了基础。由于不同网络服务的安全隐患和安全措施不同，应当在分析网络服务风险的基础上，为每一种网络服务分别制定相应的安全策略细则。

5. 数据安全

根据数据保密性和重要性的不同，一般将数据分为关键数据、重要数据、有用数据和普通数据，以便针对不同类型的数据采取不同的保护措施。关键数据是指直接影响网络系统正常运行或无法再次得到的数据，如操作系统数据和关键应用程序数据等；重要数据是指具有高度保密性或高使用价值的数据，如国防或国家安全部门涉及国家机密的数据，金融部门涉及用户的账目数据等；有用数据一般指网络系统经常使用但可以复制的数据；普通数据则是很少使用而且很容易得到的数据。由于任何安全措施都不可能保证网络绝对安全或不发生故障，在网络安全策略中除考虑重要数据加密之外，还必须考虑关键数据和重要数据的日常备份。

目前，数据备份使用的介质主要是磁带、硬盘和光盘。因磁带具有容量大、技术成熟、成本低廉等优点，大容量数据备份多选用磁带存储介质。随着硬盘价格不断下降，网络服务器都使用硬盘作为存储介质，目前流行的硬盘数据备份技术主要有磁盘镜像和冗余磁盘阵列（Redundant Arrays of Independent Disks，RAID）技术。磁盘镜像技术能够将数据同时写入型号和格式相同的主磁盘和辅助磁盘，RAID 是专用服务器广泛使用的磁盘容错技术。大型网络通常将光盘库、光盘阵列和光盘塔作为存储设备，但光盘特别容易划伤，导致数据读出错误，数据备份使用更多的还是磁带和硬盘存储介质。

6. 安全管理责任

由于人是制定和执行网络安全策略的主体，所以在制定网络安全策略时，必须明确网络安全管理责任人。小型网络可由网络管理员兼任网络安全管理责任人，但大型网络、电子政务、电子商务、电子银行或其他要害部门的网络应配备专职网络安全管理责任人。网络安全管理采用技术与行政相结合的手段，主要针对授权、用户和资源配置，其中授权是网络安全管理的重点。

7. 网络用户的安全责任

网络安全不只是网络安全管理员的事，网络用户对网络安全同样负有不可推卸的责任。网络用户应特别注意不能私自将调制解调器接入 Internet；不要下载未经安全认证的软件和插件；确保本机没有安装文件和打印机共享服务；不要使用脆弱性密码；经常更换密码等。

第二节　防火墙技术

一、防火墙的定义

可以说，计算机网络已成为企业赖以生存的命脉。企业内部通过 Internet 进行管理、运行，同时要通过 Internet 从异地取回重要数据，以及供客户、销售商、移动用户、异地员工访问内部网络。可是开放的 Internet 会带来各种各样的威胁，因此企业必须加筑安全的屏障，把威胁拒之于门外，将内网保护起来。对内网保护可以采取多种方式，最常用的就是防火墙。

防火墙是目前一种最重要的网络防护设备。关于防火墙的定义，人们借助了建筑上的概念：在人们建造和使用木质结构房屋的时候，为了使"城门失火"不致"殃及池鱼"，将坚固的石块堆砌在房屋周围作为屏障，以进一步防止火灾的发生和蔓延。这种防护构筑物被称为防火墙。在当今的信息世界里，由计算机硬件或软件系统构成防火墙来保护敏感的数据不被窃取和篡改。

防火墙是目前网络安全领域认可程度最高、应用范围最广的网络安全技术。

二、防火墙的特性和功能

在逻辑上，防火墙是一个分离器，也是一个限制器，更是一个分析器，它有效地监控了内部网和 Internet 之间的任何活动，保证了内部网络的安全。

典型的防火墙具有以下三个方面的基本特性。

（一）内部网络和外部网络之间的所有网络数据流都必须经过防火墙

防火墙安装在信任网络（内部网络）和非信任网络（外部网络）之间，通过防火墙可以隔离非信任网络（一般指的是因特网）与信任网络（一般指的是内部局域网）的连接，同时不会妨碍人们对非信任网络的访问。

内部网络和外部网络之间的所有网络数据流都必须经过防火墙，这是防火墙在网络中的位置特性，同时也是一个前提。因为只有当防火墙是内、外部网络之间通信的唯一通道时，才可以全面、有效地保护企业内部网络不受侵害。

设置防火墙的目的就是在网络连接之间建立一个安全控制点，通过允许、拒绝或重新定向经过防火墙的数据流，实现对进、出内部网络的服务和访问的审计和控制。

（二）只有符合安全策略的数据流才能通过防火墙

防火墙最基本的功能是根据企业的安全策略控制（允许、拒绝、监测）出入网络的信息流，确保网络流量的合法性，并在此前提下，将网络流量快速地从一条链路转发到另一条链路上。

（三）防火墙自身具有非常强的抗攻击能力

防火墙自身具有非常强的抗攻击能力，是担当企业内部网络安全防护重任的先决条件。防火墙处于网络边缘，就像一个边界卫士一样，每时每刻都要面对黑客的入侵，这样就要求防火墙自身具有非常强的抗击入侵能力。

简单而言，防火墙是位于一个或多个安全的内部网络和外部网络之间进行网络访问控制的网络设备。防火墙的目的是防止不期望的或未授权的用户和主机访问内部网络，确保内部网正常、安全地运行。通俗来说，防火墙决定了哪些内部服务可以被外界访问，以及哪些外部服务可以被内部人员访问。防火

墙必须只允许授权的数据通过，而且防火墙本身也必须能够免于渗透。

防火墙除具备上述三个基本特性外，一般来说，还具有以下几种功能：针对用户制定各种访问控制策略、对网络存取和访问进行监控审计、支持VPN功能、支持网络地址转换、支持身份认证等。

三、防火墙的局限性

防火墙的局限性包括以下几个方面。

（1）防火墙不能防范不经过防火墙的攻击。防火墙无法检查没有经过防火墙的数据，如个别内部网络用户绕过防火墙拨号访问等。

（2）防火墙不能解决来自内部网络的攻击和安全问题。

（3）防火墙不能防止策略配置不当或错误配置引起的安全威胁。防火墙是一个被动的安全策略执行设备，就像门卫一样，要根据政策规定来执行安全策略，而不能自作主张。

（4）防火墙不能防止利用标准网络协议中的缺陷进行的攻击。一旦防火墙准许某些标准网络协议，就不能防止利用该协议中的缺陷进行的攻击。

（5）防火墙不能防止利用服务器系统漏洞所进行的攻击。黑客通过防火墙准许的访问端口，对该服务器的漏洞进行攻击，防火墙不能防止。

（6）防火墙不能防止受病毒感染的文件的传输。防火墙本身并不具备查杀病毒的功能。

（7）防火墙不能防止可接触的人为或自然的破坏。防火墙是一个安全设备，但防火墙本身必须存在于一个安全的地方。

四、防火墙的分类

（一）常见的防火墙分类

1. 软件防火墙和硬件防火墙

软件防火墙运行于特定的计算机上，需要客户预先安装好计算机操作系统。一般来说，这台计算机就是整个网络的网关。软件防火墙像其他软件产品一样，需要先在计算机上安装并做好配置才可以使用。防火墙厂商中做网络版软件防火墙最出名的莫过于 Check Point。使用这类防火墙，需要网络管理员对所工作的操作系统平台比较熟悉。

硬件防火墙一般是通过网线连接外部网络接口与内部服务器或企业网络的设备。这里又划分出两种结构，一种是普通硬件级防火墙，另一种是"芯片"级硬件防火墙。

普通硬件级防火墙大多基于 PC 架构，也就是说，与普通的家庭使用的 PC 没有太大区别。在这些 PC 架构计算机上运行一些经过裁剪和简化的操作系统，最常用的有老版本的 UNIX、Linux 和 FreeBSD 系统。这种防火墙措施相当于专门使用一台计算机安装软件防火墙，除不需要处理其他事务以外，还是一般的操作系统。此类防火墙采用的依然是其他厂商的内核，因此依然会受到操作系统本身安全性的影响。

"芯片"级硬件防火墙基于专门的硬件平台，使用专用的操作系统。因此，防火墙本身的漏洞比较少，在上面搭建的软件也是专门开发的，专有的ASIC 芯片使其比其他种类的防火墙速度更快，处理能力更强，性能更高。

2. 单机防火墙和网络防火墙

单机防火墙通常采用软件方式，将软件安装在各个单独的计算机上，通过对单机的访问控制进行配置来达到保护某单机的目的。该类防火墙功能单一，利用网络协议，按照通信协议来维护主机，对主机的访问进行控制和防护。

网络防火墙采用软件方式或者硬件方式，通常安装在内部网络和外部网络之间，用来维护整个系统的网络安全。管理该类型防火墙的通常是公司的网络管理员。这部分人员相对技术水平较高，对网络、网络安全及公司整体安全策略的认识都比较深入。对网络防火墙进行配置能够使整个系统运行在一个相对较高的安全层次，同时也能够使防火墙功能得到充分发挥。

（二）按防火墙技术分类

1. 包过滤防火墙

第一代防火墙技术几乎与路由器同时出现，采用了包过滤技术。由于多数路由器本身就包含分组过滤功能，所以网络访问控制可通过路由控制来实现，从而使具有分组过滤功能的路由器成为第一代防火墙产品。

2. 代理防火墙

第二代防火墙工作在应用层，能够根据具体的应用对数据进行过滤或者转发，也就是人们常说的代理服务器、应用网关。这样的防火墙彻底隔断了内部网络与外部网络的直接通信。内部网络用户对外部网络的访问变成防火墙对外部网络的访问，然后由防火墙把访问的结果转发给内部网络用户。

3. 状态检测防火墙

南加利福尼亚大学信息科学院的布雷登（Bob Braden）开发出了基于动态包过滤技术的防火墙，也就是目前所说的状态检测技术。以色列的 Check Point 公司开发出了第一个采用这种技术的商业化产品。根据 TCP，每个可靠连接的建立需要经过三次握手。状态检测防火墙就是基于这种连接过程，根据数据包状态变化来决定访问控制的策略。

4. 复合型防火墙

美国网络联盟公司推出了一种自适应代理技术，并在其复合型防火墙产品 Gauntlet Firewall for NT 中得以实现。复合型防火墙结合了代理防火墙的安全性和包过滤防火墙的高速度等优点，实现第 3 层至第 7 层自适应的数据过滤。

5. 下一代防火墙

随着网络应用的高速增长和移动业务应用的爆发式出现，发生在应用层

的网络安全事件越来越多，过去简单的网络攻击也完全转变成混合攻击，单一的安全防护措施已经无法有效解决企业面临的网络安全挑战。随着网络带宽的提升，网络流量的剧增，人们需要在大流量中进行应用层的精确识别，因而对防火墙的性能要求也越来越高。下一代防火墙（next generation firewall，NG Firewall）就是在这种背景下出现的。为应对当前与未来新一代的网络安全威胁，著名咨询机构 Gartner 认为防火墙必须具备一些新的功能，例如基于用户防护和面向应用安全等功能。通过深入洞察网络流量中的用户、应用和内容，并借助全新的高性能并行处理引擎，防火墙在性能上有了很大的提升。一些企业把具有多种功能的防火墙称为"下一代防火墙"，现在许多企业的防火墙都被称为"下一代防火墙"。

（三）按防火墙 CPU 架构分类

按照 CPU 架构分类，防火墙可以分为通用 CPU 架构、专用集成电路（Application Specific Integrated Circuit，ASIC）架构、网络处理器（Network Processor，NP）架构、多核架构防火墙。

1. Intel x86（通用 CPU）架构防火墙

通用 CPU 架构目前在国内的信息安全市场上是最常见的，其多数是基于 Intel x86 系列架构的产品，又被称为工控机防火墙。在百兆防火墙中，Intel x86 架构的硬件具有高灵活性、扩展性强、开发设计门槛低、技术成熟等优点。

由于采用了 PCI 总线接口，Intel x86 架构的硬件虽然理论上能达到 2 Gbit/s 的吞吐量，但是它并非为了网络数据传输而设计，对数据包的转发性能相对较弱，在实际应用中，尤其是在小包情况下，远远达不到标称性能。

2. ASIC 架构防火墙

ASIC 技术是国外高端网络设备几年前广泛采用的技术。采用 ASIC 技术可以为防火墙应用设计专门的数据包处理流水线，优化存储器等资源的利

用。基于硬件的转发模式、多总线技术、数据层面与控制层面分离等技术，ASIC 架构防火墙解决了带宽容量和性能不足的问题，稳定性也得到了很好的保证。

ASIC 技术开发成本高，开发周期长，并且难度大。ASIC 技术的性能优势主要体现在网络层转发上，对于需要强大计算能力的应用层数据的处理则不占优势。由于不可对 ASIC 编程，所以根本无法添加新的功能，而且面对频繁变异的应用安全问题，其灵活性和扩展性也难以满足要求。

3. NP 架构防火墙

NP 是专门为处理数据包而设计的可编程处理器，其特点是内含了多个数据处理引擎。这些引擎可以并发进行数据处理工作，在处理 2～4 层的分组数据上比通用处理器具有明显的优势，能够直接完成网络数据处理的一般性任务。硬件体系结构大多采用高速的接口技术和总线规范，具有较高的 I/O 能力，包处理能力得到了很大提升。

NP 具有完全的可编程性、简单的编程模式、开放的编程接口及第三方支持能力，一旦有新的技术或者需求出现，资深设计师可以很方便地通过微码编程实现。这些特性使基于 NP 架构的防火墙与传统防火墙相比，在性能上得到了很大的提高。NP 防火墙和 ASIC 防火墙实现原理相似，但其升级和维护优于 ASIC 防火墙。若从性能和编程灵活性同时考虑，多核架构防火墙会胜出。

4. 多核架构防火墙

多核处理器在同一个硅晶片上集成了多个独立物理核心。所谓核心，就是指处理器内部负责计算、接受/存储命令、处理数据的执行中心，可以理解成一个单核 CPU，每个核心都具有独立的逻辑结构，包括缓存、执行单元、指令级单元和总线接口等逻辑单元，通过高速总线、内存共享进行通信。多核处理器编程开发周期短，数据转发能力强。目前，国内外大多数厂家都采用多核处理器。

五、防火墙的体系结构

防火墙的体系结构有很多种，在设计过程中应该根据实际情况进行考虑。下面介绍几种主要的防火墙体系结构。

（一）双宿主主机体系结构

首先介绍堡垒主机。堡垒主机是一种配置了安全防范措施的网络计算机，它为网络之间的通信提供了一个阻塞点。如果没有堡垒主机，那么网络之间将不能相互访问。

双宿主主机位于内部网和因特网之间，一般来说，是用一台装有两块网卡的堡垒主机做防火墙。这两块网卡各自与受保护网和外部网相连，分别属于内外两个不同的网段。

堡垒主机上运行着防火墙软件，可以转发应用程序、提供服务等。双宿主主机网关中堡垒主机的系统软件虽然可用于维护系统日志，但弱点也比较突出。一旦黑客侵入堡垒主机，并使其只具有路由功能，任何网上用户均可以随意访问内部网。双宿主主机这种体系结构非常简单，一般通过代理来实现，或者通过用户直接登录到该主机来提供服务。

（二）屏蔽主机体系结构

屏蔽主机防火墙易于实现，由一个堡垒主机和屏蔽路由器组成，堡垒主机被安排在内部局域网中，同时在内部网和外部网之间配备了屏蔽路由器。在这种体系结构中，通常在路由器上设立过滤规则，外部网络必须通过堡垒主机才能访问内部网络中的资源，并使这个堡垒主机成为从外部网络唯一可直接到达的主机；对内部网的基本控制策略由安装在堡垒主机上的软件决定，这确保了内部网络不受未被授权的外部用户的攻击。

内部网络中的计算机则可以通过堡垒主机或者屏蔽路由器访问外部网络中的某些资源，即在屏蔽路由器上应设置数据包过滤规则。

（三）屏蔽子网体系结构

在实际的应用中，某些主机需要对外提供服务。为了更好地提供服务，同时又要有效地保护内部网络的安全，应将这些需要对外开放的主机与内部的众多网络设备分隔开来，根据不同的需要，有针对性地采取相应的隔离措施。这样便能在对外提供友好服务的同时，最大限度地保护内部网络。针对不同资源提供不同安全级别的保护，这样就构建了一个 DMZ（demilitarized zone），中文名称为"隔离区"或者"非军事化区"。在这种体系结构中，可以看到防火墙连接一个 DMZ。

规划一个拥有 DMZ 的网络时，需要明确各个网络之间的访问关系，确定 DMZ 网络中的以下访问控制策略。

（1）内部网络可以访问外部网络，在这一策略中，防火墙需要进行源地址转换，以达到隐蔽真实地址、控制访问的目的。

（2）内部网络可以访问 DMZ，方便用户使用和管理 DMZ 中的服务器。

（3）外部网络不能访问内部网络。

（4）外部网络可以访问 DMZ 中的服务器，同时需要由防火墙完成对外地址到服务器实际地址的转换。

（5）DMZ 不能访问内部网络。

（6）DMZ 不能访问外部网络，此条策略也有例外，例如在 DMZ 中放置邮件服务器时，就需要访问外部网络，否则将不能正常工作。

六、防火墙实现技术原理

（一）包过滤防火墙

1. 包过滤防火墙的原理

包过滤防火墙是一种通用、廉价、有效的安全手段。包过滤防火墙不针对各个具体的网络服务采取特殊的处理方式，而大多数路由器都提供分组过滤功能，能够在很大程度上满足企业的安全要求。

包过滤防火墙在网络层实现数据的转发。包过滤模块一般检查网络层、传输层内容，包括：① 源、目的 IP 地址；② 源、目的端口号；③ 协议类型；④ TCP 数据报文的标志位。

通过检查模块，防火墙拦截和检查所有进站和出站的数据。

防火墙检查模块首先验证这个包是否符合规则。无论是否符合过滤规则，防火墙一般都要记录数据包的情况，对不符合规则的数据包要进行报警或通知管理员。对丢弃的数据包，防火墙可以给发送方一个消息，也可以不发。如果返回一个消息，则攻击者可能会根据拒绝包的类型猜测出过滤规则的大致情况，所以是否返回消息要慎重。

2. 包过滤防火墙的特点

（1）包过滤防火墙的优点

① 利用路由器本身的包过滤功能，以访问控制列表（Access Control List，ACL）方式实现。

② 处理速度较快。

③ 对安全要求低的网络采用路由器附带防火墙功能的方法，不需要其他设备。

④ 对用户来说是透明的，用户的应用层不受影响。

（2）包过滤防火墙的缺点

① 无法阻止"IP 欺骗"，黑客可以在网络上伪造 IP 地址、路由信息欺骗防火墙。

② 对路由器中过滤规则的设置和配置十分复杂，涉及规则的逻辑一致性、作用端口的有效性和规则库的正确性，一般的网络系统管理员难以胜任。

③ 不支持应用层协议，无法发现基于应用层的攻击，访问控制粒度粗。

④ 实施的是静态的、固定的控制，不能跟踪 TCP 状态，例如配置了仅

允许从内到外的 TCP 访问时，一些以 TCP 应答包的形式从外部对内部网络进行的攻击仍可以穿透防火墙。

⑤ 不支持用户认证，只判断数据包来自哪台机器，不能判断来自哪个用户。

3. 设计访问控制列表的注意点

包过滤防火墙基本以路由器的访问控制列表方式实现，设计访问控制列表时应注意以下几点。

（1）自上而下的处理过程，一般的访问控制列表的检测按照自上而下的过程处理，所以必须注意访问控制列表中语句的顺序。

（2）语句的位置，应该将更为具体的项放在不太具体的项的前面，保证不会否定后面语句的作用。

（3）访问控制列表的位置，将扩展的访问控制列表尽量靠近过滤源的位置，使过滤规则不会影响其他接口上的数据流。

（4）注意访问控制列表作用的接口及数据的流向。

（5）注意路由器默认设置，从而注意最后一条语句的设置，有的路由器默认设置是"允许"，有的默认是"拒绝"，后者比前者更安全、更简便。

4. 包过滤防火墙的应用

包过滤防火墙还可以根据 TCP 中的标志位进行判断，例如，Cisco 路由器的扩展 ACL 就支持 established 关键字。

包过滤防火墙很难预防反弹端口木马。例如，黑客在内部网络安装了控制端的端口是 80 的反弹端口木马，在这种情况下，攻击者仍然能够穿透防火墙，控制木马，对内部网络构成威胁。

（二）代理防火墙

1. 代理防火墙的产生背景

包过滤技术无法提供完善的数据保护措施，无法解决上述问题，而且一些特殊的报文攻击仅使用包过滤的方法并不能消除危害，因此需要一种更全面的防火墙保护技术，在这样的需求背景下，采用"应用代理"（application proxy）技术的防火墙便应运而生。

2. 代理防火墙的特点

由于代理防火墙采取代理机制进行工作，内、外部网络之间的通信都需要先经过代理服务器审核，通过后再由代理服务器连接，根本没有给分隔在内、外部网络两边的计算机直接会话的机会，所以可以避免入侵者使用"数据驱动"攻击方式（一种能通过包过滤防火墙规则的数据报文，但是当其进入计算机处理后，却变成能够修改系统设置和用户数据的恶意代码）渗透内部网络。

3. 代理服务器的分类

前面讲了代理防火墙就是一台小型的带有数据检测、过滤功能的透明"代理服务器"，有时大家把代理防火墙也称为代理服务器。下面从代理服务器"代理"的内容来看代理防火墙的检测、过滤内容。代理服务器工作在应用层，针对不同的应用协议，需要建立不同的服务代理。按用途分类，代理服务器可分为以下几类。

（1）HTTP 代理。代理客户机的 HTTP 访问，主要代理浏览器访问网页，端口一般为 80、8080、3128 等。

（2）FTP 代理。代理客户机上的 FTP 软件访问 FTP 服务器，端口一般为 21、2121。

（3）POP3 代理。代理客户机上的邮件软件用 POP3 方式收邮件，端口一般为 110。

（4）Telnet 代理。能够代理客户机的 Telnet，用于远程控制，入侵时经常使用，端口一般为 23。

（5）SSL 代理。支持最高 128 位加密强度的 HTTP 代理，可以作为访问加密网站的代理。加密网站是指以"https://"开始的网站。SSL 的标准端口

为 443。

（6）HTTPCONNECT 代理。允许用户建立 TCP 连接到任何端口的代理服务器，这种代理不仅可用于 HTTP，还包括 FTP、IRC、RM 流服务等。

（7）Socks 代理。全能代理，支持多种协议，包括 HTTP、FTP 请求及其他类型的请求，标准端口为 1080。

（8）TUNNEL 代理。经 HTTPTunnel 程序转换的数据包封装成 HTTP 请求（Request）来穿透防火墙，允许利用 HTTP 服务器做任何 TCP 可以做的事情，功能相当于 Socks5。

除了上述常用的代理外，还有各种各样的应用代理，如文献代理、教育网代理、跳板代理、SSO 代理、Flat 代理、SoftE 代理等。

4. Socks 代理

如果有一个通用的代理可以适用于多个协议，那就方便多了，这就是 Socks 代理。

首先介绍一下套接字（Socket）。应用层通过传输层进行数据通信时，TCP 和 UDP 会遇到同时为多个应用程序进程提供并发服务的问题。多个 TCP 连接或多个应用程序进程可能需要通过同一个 TCP 协议端口传输数据。区分不同应用程序进程间的网络通信和连接，主要有三个参数，分别为通信的目的 IP 地址、使用的传输层协议（TCP 或 UDP）和使用的端口号。这三个参数称为套接字。基于"套接字"概念可开发许多函数。

这类函数也称为 Socks 库函数。

Socks 是一种网络代理协议，在 1990 年被开发后就一直作为 Internet RFC 标准的开放标准。Socks 协议执行最具代表性的就是在 Socks 库中利用适当的封装程序对基于 TCP 的客户程序进行重封装和重连接。

Socks 代理与一般的应用层代理服务器是完全不同的。Socks 代理工作在应用层和传输层之间，旨在提供一种广义的代理服务，不关心是何种应用协议（如 FTP、HTTP 和 SMTP 请求），也不要求应用程序使用特定的操作系统平台，不管出现什么新的应用，都能提供代理服务。因此，Socks 代理比其他应用层代理要快得多。Socks 代理通常绑定在代理服务器的 1080 端口上。Socks 代理的工作过程是：当受保护网络客户机需要与外部网络交互信息时，首先和 Socks 防火墙上的 Socks 服务器建立一个 Socks 通道，在建立 Socks 通道的过程中可能有一个用户认证的过程，其次将请求通过这个通道发送给 Socks 服务器。Socks 服务器在收到客户请求后，检查客户的 User ID、IP 源地址和 IP 目的地址。经过确认后，Socks 服务器才向客户请求的 Internet 主机发出请求。得到相应数据后，Socks 服务器再通过原先建立的 Socks 通道将数据返回给客户。受保护网络用户访问外部网络所使用的 IP 地址都是 Socks 防火墙的 IP 地址。

（三）状态检测防火墙

状态检测防火墙技术是在基于"包过滤"原理的"动态包过滤"技术基础上发展而来的。这种防火墙技术通过一种被称为"状态监视"的模块，在不影响网络安全正常工作的前提下，采用抽取相关数据的方法，对网络通信的各个层次实行监测，并根据各种过滤规则做出安全决策。

状态检测防火墙仍然在网络层实现数据的转发，过滤模块仍然检查网络层、传输层内容，为了克服包过滤模式明显的安全性不足的问题，不再只是分别对每个进出的包孤立地进行检查，而是从 TCP 连接的建立到终止都跟踪检测，把一个会话作为整体来检查，并且根据需要，可动态地增加或减少过滤规则。"会话过滤"功能是在每个连接建立时，防火墙为这个连接构造一个会话状态，里面包含了这个连接数据包的所有信息，以后连接都是基于这个状态信息进行的。这种检测的高明之处是，能够对每个数据包的状态进行监视，一旦建立了一个会话状态，则此后的数据传输都要以此会话状态作为依据。

状态检测防火墙实现了基于 UDP 应用的安全，通过在 UDP 通信之上保持一个虚拟连接来实现。防火墙保存通过网关的每一个连接的状态信息，允

许穿过防火墙的 UDP 请求包被记录。当 UDP 包在相反方向上通过时，依据连接状态表确定该 UDP 包是否被授权。若已被授权，则通过，否则拒绝。若在指定的一段时间内响应数据包没有到达，连接超时，则该连接被阻塞。这样可阻止所有已知的攻击。状态检测防火墙可以控制无效链接的连接时间，避免大量的无效连接占用过多的网络资源，可以很好地降低 DoS 和 DDoS 攻击的风险。

（四）复合型防火墙

复合型防火墙采用的是自适应代理技术。自适应代理技术的基本要素有两个：自适应代理服务器与状态检测包过滤器。初始的安全检查仍然发生在应用层，一旦安全通道建立后，随后的数据包就可以重新定向到网络层。在安全性方面，复合型防火墙与标准代理防火墙是完全一样的，同时还提高了处理速度。自适应代理技术可根据用户定义的安全规则，动态"适应"传送中的数据流量。

（五）下一代防火墙

不断增长的带宽需求和新应用正在改变协议的使用方式和数据的传输方式。必须更新网络防火墙，才能够更主动地阻止新威胁。因此，下一代防火墙应运而生。

下一代防火墙除拥有前述防火墙的所有防护功能外，借助全新的高性能单路径异构并行处理引擎，在互联网出口、数据中心边界、应用服务前端等场景提供高效的应用层一体化安全防护，还可以识别网络流量中的应用和用户信息，实现用户和应用级别的访问控制；能够识别不同应用所包含的内容信息中的威胁和风险，防御应用层威胁；可识别和控制移动应用，防止使用个人设备办公（Bring Your Own Device，BYOD）带来的风险，并能通过主动防御技术识别未知威胁。

基于应用的深度入侵防御采用多种威胁检测机制，防止如缓冲区溢出攻击、利用漏洞的攻击、协议异常、蠕虫、木马、后门、DoS/DDoS 攻击探测、扫描、间谍软件及 IPS 逃逸攻击等各类已知、未知攻击，全面增强应用安全防护能力。

第三节　入侵检测技术

一、入侵行为的分类

（一）入侵模拟

现有的网络攻击工具纷繁复杂、种类繁多，而且配置和使用方法也不尽相同。为了提高黑客监控系统的研究效率和质量，简化测试环境，提高数据质量和可控制性，通常采用网络攻击工具集成平台 ATK，该平台可以有效模拟各种主流网络攻击方法，并且可以对各种参数进行控制，以便为整个黑客监控系统的开发和测试提供攻击数据源。同时，为了对防火墙、入侵检测系统等网络安全设施的开发和使用提供有效的测试和指导，根据入侵提取的特征和入侵规律，也可以采用网络攻击工具的集成平台 ATK。在对现有网络安全产品进行评估、检验和分析的时候，我们不能被动地等待黑客入侵，而应该对典型的攻击方式进行有效的模拟，为系统提供稳定的攻击数据源，以便为防御和检测系统的分析提供依据。同时，在网络安全组件的设计、构建和测试过程中，常常需要使用一些用例。这些用例可以指导系统的设计，同时也可以为测试营造良好的环境。

（二）模式匹配

模式匹配就是将收集到的信息与已知的网络入侵和系统误用模式数据库进行比较，从而发现违背安全策略的行为。一般来讲，一种进攻模式可以

用一个过程（如执行一条指令）或一个输出（如获得权限）来表示。无论是哪一种入侵检测方法，模式匹配都是必需的。模式匹配器将系统提取到的入侵特征与入侵模式库中的正常模式或者异常模式进行比较，对提取到的行为进行判断。该方法的一大优点是只需收集相关的数据集合，可以减轻系统负担，而且技术已相当成熟，检测准确率和效率都相当高。该方法的缺点是需要不断地升级，以对付不断出现的黑客攻击手法，不能检测到从未出现过的黑客攻击手段。

在传统的入侵检测方法中，入侵行为分析是指在信息收集之后所进行的信号分析的过程。信号分析主要分为模式匹配、统计分析和完整性分析。Snort 是采用模式匹配算法进行入侵特征提取的最经典的例子，从 Snort 系统运行的流程来看，其检测方法相对来说是比较简单的，Snort 的检测规则是以一种二维链表的方式进行组织的，Snort 的规则库采用文本方式进行存储，可读性和可修改性都较好，缺点是不能作为直接的数据结构供检测引擎调用，因此每次启动时都需要对规则库文件进行解析，以生成可供检测程序高效检索的数据结构。

实际上，入侵检测最终都是由模式匹配来完成的。之所以传统的模式匹配方法并不包括真正的入侵分析，是因为在这种入侵检测中，模式匹配的模式是由人来定义的，无论是形式还是内容，模式匹配仅仅是入侵分析的一部分，也就是检测部分。模式匹配的目的就是找到入侵。

（三）入侵分析

入侵分析的主要目的不是找到入侵，而是定义什么是入侵，或者定义什么不是入侵。入侵分析就是应用各种方法来生成具有这些数据结构的数据的过程，或者生成其他描述正常行为的数据。也就是说，入侵分析的输出就是模式匹配中所要使用的模式，而整个入侵行为分析包含了模式建立和模式匹配两个过程。从广义上来说，入侵行为分析分为对入侵（产生破坏）的分析以及对攻击（尚未产生破坏）的分析。入侵分析的结果是模式，即攻击特征

库中的特征模式。攻击分析则是利用这些特征进行模式匹配,发现攻击行为。

1. 神经网络方法

为了构建具有学习能力和适应能力的入侵检测系统,人们开始在入侵检测领域引入各种智能方法。神经网络具有自适应、自组织和自学习的能力,可以处理一些环境知识十分复杂、背景知识尚不清楚的问题,同时允许样本有较大的缺失和畸变。在使用统计处理方法很难达到高效准确的检测要求时,可以构造智能化的基于神经网络的入侵检测器,也就是一个简单的神经网络模型。基于神经网络的入侵检测一般是作为异常检测方法来使用的。基于神经网络的入侵检测的优点有:具有学习和识别未曾见过的入侵的能力;能够很好地处理噪声和不完全数据;以非线性的方式进行分析,处理速度快且适应性好。但是,网络安全问题是一个相当复杂的问题,用简单的模型处理,会发生一些意想不到的问题,最典型的就是误报和漏报。

2. 数据挖掘方法

数据挖掘是一个利用各种分析工具在海量数据中发现模型和数据之间关系的过程,这些模型和关系可以用来做预测。数据挖掘是一种决策支持过程,它主要基于人工智能、机器学习和统计分析等技术,能够高度自动化地分析原有数据,做出归纳性的推理,进而从中挖掘出潜在的模式,预测用户的行为。数据挖掘就是指从数据中发现肉眼难以发现的固定模式或异常现象,遵循基本的归纳过程,它将数据进行整理分析,并从大量数据中提取出有意义的信息和知识。基于数据挖掘的入侵检测系统主要由数据收集、数据挖掘、模式匹配以及决策四个模块组成。数据收集模块从数据源提取原始数据,将经过预处理后得到的审计数据提交给数据挖掘模块。数据挖掘模块对审计数据进行整理、分析,找到可用于入侵检测的模式与知识,然后提交给模式匹配模块进行入侵分析,做出最终判断,最后由决策模块给出应对措施。基于数据挖掘的入侵检测系统的主要优势包括:智能性好,自动化程度高,检测效率高,自适应能力强,以及误报率低。

3. 基于入侵树的方法

在基于入侵树的方法中，如果没有发现对系统的确切入侵结果，就不会对相应的行为进行分析，而只是进行简单记录。细小的数据结构要构成完整的入侵树，必须满足很多条件。这里将每一个网络数据包和每一条操作系统审计记录都看成一个最小的数据结构。这些数据结构及其组合中隐含了很多需要的相关信息。但是，要记录所有的信息并加以分析，会给入侵检测系统带来相当大的压力。前提是，它们之间必须是关联的。所谓关联，是指在各个不同的信息条目之间的相关性达到了一定的程度。以 IP 数据包为例，它有以下几个基本的属性：源地址、目的地址、接收时间、各标志位的值等。那么，源地址和目标地址相同的一系列数据包之间很有可能是相关联的，如大范围的端口扫描行为；源地址不同，但目标地址相同且时间上非常接近的大量数据包也很可能是相关联的，如拒绝服务攻击等。从入侵者的角度来看待这个问题，在确定了入侵目标并获取了一些基本信息（如 IP 地址）之后，入侵者首先要对目标主机或网络进行扫描。扫描的主要目的是确定目标主机的操作系统类型以及运用了哪些服务信息。

二、入侵检测及其系统

近年来，随着计算机网络的高速发展和广泛应用，网络安全的重要性也日益凸显。如何识别和发现入侵行为或意图，并及时通知用户，以便其采取有效的防护措施，从而保证系统或网络安全，是入侵检测系统的主要任务。

（一）入侵检测及其系统的概念

入侵检测，顾名思义是指对入侵行为的发现。入侵检测技术是通过从计算机网络或计算机系统中的若干关键点收集信息并对其进行分析，从中发现网络或系统中是否有违反安全策略的行为和遭受攻击的迹象的一种安全技术。入侵检测系统则是指一套监控和识别计算机系统或网络系统中发生的事

件，根据规则进行入侵检测和响应的软件系统或软件与硬件组合的系统。

（二）入侵检测系统的分类

自从入侵检测技术开始应用之后，入侵检测系统便被应用于各个领域，主要用于对网络进行监测。根据不同的分类标准，可以把入侵检测系统分成不同类别。

1. 根据检测对象划分

检测对象，即要检测的数据来源，根据入侵检测系统所要检测的对象不同，可将其分为基于主机的入侵检测系统和基于网络的入侵检测系统。基于主机的入侵检测系统，即 Host-based IDS，行业上称为 HIDS，系统获取数据的来源是主机，它主要从系统日志、应用程序日志等渠道获取数据，并进行分析以判断是否有入侵行为，进而保护系统主机的安全。基于网络的入侵检测系统，即 Network-based IDS，行业上称为 NIDS，系统获取数据的来源是网络数据包，它主要用于监测整个网络中所传输的数据包并进行检测与分析，同时加以识别，若发现有可疑情况即入侵行为就会立即报警，以保护网络中正在运行的各台计算机。

2. 根据系统工作方式划分

根据系统的工作方式划分，可以将入侵检测系统分为在线入侵检测系统和离线入侵检测系统两种。在线入侵检测系统简写为 IPS，一旦发现有入侵的可能就会立即采取措施，断开入侵者与主机的连接，并收集证据和实施数据恢复。这个在线入侵检测的过程是持续循环进行的。离线入侵检测系统依据计算机系统对用户操作所做的历史审计记录来判断用户是否具有入侵行为，如果发现有入侵就断开连接，并及时记录入侵证据，同时进行数据恢复。

3. 根据每个模块运行的分布方式划分

这种分类标准是按照系统的每一个模块运行分布方式的不同来进行划

分的,可以把入侵检测系统分为集中式入侵检测系统和分布式入侵检测系统。集中式入侵检测系统结构相对单一,效率较高,它在一台主机上进行所有操作,如数据的捕获、数据的分析、系统的响应等均在一台主机上完成。分布式入侵检测系统比较复杂,在该系统中,网络范围和数据流量较大,布置入侵检测系统时会考虑在不同的层次、不同的区域、多个点上进行布置,这样就能更加全方位地保证网络安全。

三、入侵检测安全解决方案

单一的安全保护往往效果不理想,最佳途径就是采用多种安全防护措施对信息系统进行全方位的保护,并综合考虑不同的安全保护因素。例如,通过防病毒软件、防火墙和安全漏洞检测工具来创建一个比单一防护有效得多的综合保护屏障。分层的安全防护成倍地增加了黑客攻击的成本和难度,从而能大大减少他们对该网络的攻击。

(一)入侵检测系统

作为分层安全中普遍采用的措施,入侵检测系统将有效地提高黑客进入网络系统的门槛。入侵检测系统能够通过向管理员发出入侵企图的警报来加强当前的存取控制系统;识别防火墙通常不能识别的攻击,如来自企业内部的攻击;在发现入侵企图之后提供必要的信息,帮助系统进行恢复。

总体上讲,入侵检测系统可以帮助企业避免内部、远程乃至非授权用户所进行的网络探测、系统误用及其他恶意行为。作为一套战略工具,它还可以帮助安全管理员制定杜绝未来攻击的可靠应对措施。基于主机的入侵检测系统与基于网络的入侵检测系统并行可以做到优势互补,基于网络的部分提供早期警告,而基于主机的部分可提供攻击成功与否的情况分析与确认。

(二)风险管理系统

在整个企业网络系统风险评估过程中,包括基于主机的风险管理系统在内的安全漏洞扫描工具仅能在单一位置自动进行并整合安全策略的规划、管理及控制工作，其对整个网络系统内的风险评估，尤其是对基于不同网络协议的网络风险评估不能做到全面覆盖。风险管理系统是一个漏洞和风险评估工具，用于发现、发掘和报告网络安全漏洞。

风险管理系统不仅能够检测和报告漏洞，而且可以明确漏洞发生的位置以及发生的原因，在系统之间分享信息并继续探测各种漏洞，直到发现所有的安全漏洞，同时可以通过发掘漏洞来提高可信度，以确保被检测出的漏洞是真正的漏洞。这就使得风险分析更加精确，并确保管理员可以将风险程度最高的漏洞放在优先考虑的位置。在风险管理解决方案方面，风险管理系统是一种基于主机的安全漏洞扫描和风险评估工具，它通过简化整个安全策略的设置过程，可最大限度地检测出系统内部的安全漏洞，使管理人员能够迅速对其网络安全基础架构中的潜在漏洞进行评估并采取措施。例如，风险管理系统 Net Recon 可根据整体网络视图进行风险评估，同时可在那些常见安全漏洞被入侵者利用并实施攻击之前进行漏洞识别，从而保护网络和系统。由于 Net Recon 具备了网络漏洞的自动发现和评估功能，它能够安全地模拟常见的入侵和攻击情况，在系统间分享信息并继续探测各种漏洞，直到发现所有的安全漏洞，从而识别并准确报告网络漏洞，推荐修正措施。

（三）蜜罐

蜜罐是一种在互联网上运行的计算机系统，它是专门为吸引并诱骗那些试图非法入侵他人计算机系统的人而设计的。蜜罐系统是一个包含漏洞的诱骗系统，它通过模拟一个或多个易受攻击的主机，给攻击者提供一个容易攻击的目标。由于蜜罐并没有向外界提供真正有价值的服务，因此所有对蜜罐的访问尝试都被视为可疑的。而蜜罐的另一个用途是拖延攻击者对真正目标的攻击，让攻击者在蜜罐上浪费时间。简单来说，蜜罐就是诱捕攻击者的一个陷阱。

（四）防病毒软件

防病毒软件的应用也是多层安全防护的一种必要措施。防病毒软件是专门为防止已知和未知病毒感染企业的信息系统而设计的，它的针对性很强，但是需要不断更新病毒库。

（五）多层防护发挥作用

即使网络中的入侵检测系统失效，防火墙、风险评估软件都没有发现已知病毒，安全漏洞检测没有清除病毒传播途径，防病毒软件同样能够侦测这些病毒，蜜罐系统也会起作用。因此，在采取了多层安全防护措施以后，企图入侵该网络系统的黑客要付出数倍的代价才有可能达到入侵的目的。这时，信息系统的安全系数得到了大幅提升。配置合理的防火墙能够在入侵检测系统发现之前阻止最普通的攻击。安全漏洞评估能够发现漏洞并帮助清除这些漏洞。

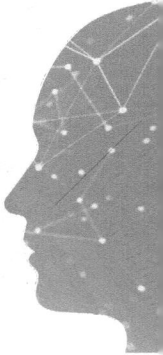

第四章　局域网安全技术

局域网的安全技术和广域网基本相似，但由于局域网的拓扑结构、应用环境和应用对象有所不同，受到的威胁和攻击略有不同，因此，实现局域网的安全方法略有差别。在局域网中，计算机直接面向用户，而且其操作系统也比较简单，与广域网相比，更容易被病毒感染。大量的报告表明，目前计算机病毒大都是在 PC 上进行传播的。因此，对计算机病毒的预防和消除是非常重要的，解决的办法应该是制定相应的管理和预防措施，安装正版防病毒软件，并提供及时升级支持；对使用的软件和闪存盘进行严格检查，并禁止在网上传输可执行文件。

第一节　局域网安全概述

作为 Internet 的重要组成结点，局域网的技术发展非常迅速，在各行各业的经营和管理中发挥着无可替代的作用，已经成为现代机构中承载非物质资源的重要基础设施。局域网就是局部地域范围内的网络。局域网在计算机

数量配置上没有太多的限制，少的可以只有几台，多的可达成千上万台。一般来说，局域网中工作站的数量在几十到上千台，所涉及的地理范围可以是几十米至几千米。局域网一般位于一个建筑物或一个单位内，由一个机构统一管理。

一、局域网安全特性

目前，局域网一般基于 TCP/IP 协议结构建设，TCP/IP 的四层结构很简单，实现起来比较容易，实用性很强，这是它成功的关键，但是也正是因为这个原因带来了许多安全上的隐患。一般局域网是基于 TCP/IP 协议的，由于 TCP/IP 协议本身的不安全性，导致局域网存在如下安全方面的缺陷。

（一）数据容易被窃听和截取

局域网中采用广播方式。当局域网的一台主机发布消息时，在此局域网中任何一台机器都会收到这条消息，收到后检查其目的地址来决定是否接收该消息，不接收的话就自动丢弃，不向上层传递。但是当以太网卡的接收模式是混杂型（Promiscuous）的时候，网卡就会接收所有消息，并把消息向上传递。因此，在某个广播域中可以侦听到所有的信息包，攻击者就可以对信息包进行分析，这样本广播域的信息传递都会暴露在攻击者面前，数据信息也就很容易被在线窃听、篡改和伪造。

（二）IP 地址欺骗

IP 地址欺骗（IP Spoofing）其实就是伪装他人的 IP 地址以达到攻击其他人的目的。局域网中的每一台主机都有一个 IP 地址作为其唯一标识，但是主机的 IP 地址是不定的，因此攻击者可以直接修改主机的 IP 地址来冒充某个可信节点的 IP 地址进行攻击。

（三）缺乏足够的安全策略

局域网上的许多配置扩大了访问权限，忽视了被攻击者滥用的可能性，使得攻击者从中获得有用信息进行恶意攻击。

（四）局域网配置的复杂性

局域网配置较为复杂，容易发生错误，从而被攻击者利用。局域网的安全可以通过建立合理的网络拓扑和合理配置网络设备而得到加强。例如，通过网桥和路由器将局域网划分成多个子网；通过交换机设置虚拟局域网，使得处于同一虚拟局域网内的主机才会处于同一广播域，这样就减少了数据被其他主机监听的可能性。

二、局域网络存在的主要安全问题

局域网主要是指由相互关联的部门之间或部门内部主机组成的计算机网络，企事业单位、学校、医院以及公司等各自建设和管理的网络都可以称为局域网络。局域网络具有统一管理、信息共享以及相互之间具有一定可信度的特点。无线局域网络主要是采用无线通信技术进行组网，网络带宽已经不断提高，其可覆盖的网络范围也越来越大。当前，局域网络主要存在的安全问题有以下几个方面。

（一）易用性带来了接入的随意性

局域网络的技术特点造成了主机可以很容易地接入 Internet，这里就包括了非法主机的接入。无线局域网络的无线技术更是给非法主机接入提供了便利。非法主机接入网络后将会给局域网络带来极大的安全隐患。

（二）操作系统存在较大的安全漏洞

目前局域网络应用环境中大多采用 Windows 或 Unix 系统，这些操作系统在不断升级完善的同时也产生了许多安全漏洞，若没有及时进行补丁安装，漏洞就很有可能被黑客利用进行攻击和破坏，导致系统崩溃以及数据丢失，由此造成的损失将是巨大的。

（三）病毒泛滥

病毒目前种类繁多，有文件病毒、邮件病毒、螨虫病毒、木马病毒等，其数量已达到几十万种。病毒发作可以摧毁系统、破坏文件以及造成数据丢失等。另外，病毒还可以自行繁殖传播，造成网络线路阻塞，应用系统停顿，破坏性极其严重。

（四）主机状态和行为的不可控性

一些单位为了安全起见将局域网络与 Internet 进行了物理隔离，表面上非常安全，但在实际的使用中，一些用户由于安全观念的淡薄，非恶意地通过 Modem 或其他手段非法与外网进行了连接，这样就会造成局域网络与 Internet 的连通，局域网络将会完全暴露给外网，安全性严重下降。因此缺乏主机的可控性势必造成许多不可预测的安全隐患。

（五）主机信息的任意篡改

通过任意修改主机地址，用户可以非法使用他人 IP 地址或 MAC 地址，利用局域网络基于地址的信任关系，攻击者可以进行破坏和窃取机密信息等非法活动。

（六）黑客的恶意攻击

来自黑客的有意或者无意的网络攻击与破坏也是网络面临的最大的安全问题。破坏网络安全的基本攻击方式主要有：蛮力/字典攻击、拒绝服务攻击、网络欺骗攻击、社会工程攻击。

第二节　网络监听原理与关键技术

采用有效的手段检测和分析当前的网络流量，及时发现干扰网络运行、

消耗网络带宽的用户十分必要。对网络进行监视是网络安全管理的一个重要方面。在网内必须有一种能够监视系统的工具，它主要监视系统的运行，记录成功和非成功连接及其连接用户的用户名、IP 地址和现行状态等；记录网上出现的错误，对非法用户的访问进行警告。同时，网络管理中心要对记录的信息进行分析，评估系统的安全性和解决网络中出现的问题。

一、网络监听的原理

网络监听技术实际上是网络流量/协议分析技术在专门领域的扩展运用形式。

近年来，计算机网络技术得到了飞速发展，越来越多的关键业务需要在计算机网络上操作，越来越多的重要信息通过网络传送，网络已逐渐成为企业和机构日常工作不可或缺的一部分。但与此同时，随着网络规模的不断扩大，结构、功能和应用环境越来越复杂，数据流量越来越大，如何保障网络的持续、安全、高效运行，确保对网络用户行为和通信数据的有效掌控，已经成为网络管理人员面临的巨大挑战。

因此，网络流量/协议分析技术也随之发展起来。网络流量/协议分析是指通过各种方式捕捉网络中流动的数据包，并通过查看包内部数据以及进行相关的协议、流量分析和统计等来发现网络运行过程中出现的问题。目前，它是网络和系统管理人员进行网络故障和性能诊断的最有效工具，网络流量/协议分析能帮助我们弄清楚"网络是如何运作的？"这个具体问题。网络流量/协议分析可以观测所有应用系统的运作情况，从而了解其端到端的通信情况。另外，它通常还具有实时和历史监控分析的功能。通过实时监控及时发现问题，迅速排除故障；借助历史数据显示用户使用网络趋势和模式。

网络监听技术源于网络流量/协议分析技术，实际上就是它在专门领域的扩展运用形式。

网络监听技术的理论模型来源于网络管理领域中的几个经典模型。从过去简单的单节点数据采集和解码，到现在的大规模、分布式、多层次监听和

快速分析新型应用功能，网络监听技术紧跟 RMON（远程监控）及 RMON2 模型的不断改进，及时发掘出新的能力。

RMON 和 RMON2 的主要区别在于其对应的网络逻辑层次不同，进而关注不同类型的数据，反映不同层次的网络状况。RMON 主要关注路由器和路由器之间的网络层及以下的内容；RMON2 主要监视网络使用的模式、高层协议数据、应用数据内容等。

通过综合两个模型获得所采集的各种数据，网络管理/网络监听系统可全面掌握网络通信中的情况。

二、典型（分布式）网络监听系统的体系结构

以 RMON 或 RMON2 模型作为理论基础，在实现的一些细节上加以改进，并添加能体现自身特点的独特核心技术，如今，市场上已经出现了很多技术成熟、性能先进的（分布式）网络监听系统产品。但不论如何实现，一般来说，远程（分布式）网络监听功能的完成主要涉及四个组成部分。

（1）被监视的网络节点（如主机、交换机、路由器、防火墙/内容过滤设备等）。

（2）网络探针（如硬件独立设备或软件代理）。

（3）加密的监听数据传输隧道。

（4）网络管理和网络监视中心（包括中心数据库、网络流量/协议分析系统等）。

网络监听系统可根据需求，覆盖网络通信过程中的全部逻辑层次，运用不同探针，采集从物理层到应用层的各类数据。通过软件代理或分布式硬件探针，典型的（分布式）网络监听系统可基于任意类型的通信媒介（无线、光纤、电话线、网线等），对各种被监听对象（包括单个计算机、内部局域网络、大型广域网络、互联网等）中的数据进行采集，之后通过预先设定的加密隧道，将数据汇总到远程/本地数据中心，再由网络流量/协议分析专家系统根据 RMON/RMON2、预设模型、判别矩阵等对数据进行初步分析和过

滤，最后监听者根据任务需求，对关键数据进行定位、识别、关联和评估。具体包括以下几个方面的内容。

（1）高性能大流量网络数据采集。

（2）大容量存储。

（3）基于统计学的数据预处理。

（4）专家系统智能化分析。

（5）数据包解码分析。

（6）报告和预测。

从网络流量/协议分析的角度而言，采集回的数据可按照关键性能指标（KPI）、数据流（Flow）和数据包（Packet）三个层次进行分析，提供从整体到局部、从大概情况到详细数据的分析结果，在应用中可实现告警（Warning）、单个问题隔离（Isolation）和证据采集（Evidence）三个级别的功能。其中，KPI包括响应时间、错误数量等参数，Flow包括容量使用率、会话、流量排名等参数，Packet即为单个数据包的集合，可直接查看数据内容。

三、网络监听的关键技术

（一）数据流采集技术

数据流采集技术解决"如何从网络的不同位置获取我们所需要的网络数据流"这一问题。从数据采集的位置看，可以分为以下几类。

1. 基于网络

基于网络的数据流采集工具放置在比较重要的网段内，不停地监视网段中的各种数据包，用于之后对每一个数据包或可疑的数据包进行特征分析。目前，大部分进行数据采集的安全防御设备都是基于网络的。

2. 基于主机

基于主机的数据流采集设备通常安装在被重点检测的主机中，用于对该

主机的网络实时连接和对系统审计日志进行智能分析和判断，特别用于发现其中主体活动特征违反统计规律的情况。

3. 混合采集

基于网络的数据流采集和基于主机的数据采集都有不足之处，单纯使用一类方法会造成采集信息的不全面。如果能将这两类方法无缝结合起来部署在网络内，则可为构建一套完整立体的主动防御体系提供坚实的基础。混合采集是综合了基于网络和基于主机两种结构特点的数据采集系统，既可发现网络中的攻击信息，也可从系统日志中发现异常情况。

（二）TCP/IP 报文捕获与分析

报文捕获功能可以通过执行"Capture"菜单栏中的相关命令完成，一般执行"Interfaces"命令，选择网络接口，然后执行"Start"命令，开始捕获报文，执行"Stop"命令，停止捕获。

1. 工作界面分布

整个工作界面可分为以下四个区域。

（1）菜单、工具栏区：主要包括菜单栏、工具栏及过滤交互框。工具栏提供常用工具按钮，以方便用户快速操作；过滤框提供各种过滤条件的设置与生效，以便实现针对性明确的捕获与分析。

（2）工作区：主要显示捕获的报文基本信息，主要包括序号、时间、源地址、目的地址、协议类型、长度及有关信息。这一区域的信息反映了网络运行的过程状态，是发现兴趣点及问题的基础。

（3）报文的协议封装类型结构树及对应的具体数据：反映了工作区选定报文的协议封装结构及相对应的具体数据，用于发现具体的信息和问题。

（4）状态行：位于工作界面最下方。

2. 捕获报文查看

Wireshark 软件提供了强大的分析功能和解码功能。解码主要要求分析人员对协议比较熟悉，这样才能看懂解析出来的报文。使用该软件很简单，要能够利用软件解码分析来解决问题，关键是要对各种层次的协议了解得比较透彻。工具软件只提供一个辅助的手段，因涉及的内容太多，这里不对协议进行过多讲解，读者可参阅其他相关的资料。

对于 MAC 地址，Wireshark 软件进行了首部的智能替换，如以"001f9d"开头替换为 Cisco，以"00e0fe"开头就替换为 Huawei，这样有利于了解网络上各种相关设备的制造商信息。

3. 设置捕获条件

利用该软件可按照过滤器设置的过滤规则进行数据的捕获或显示，也可以通过在菜单栏或工具栏中的相关命令进行。过滤器可以根据物理地址或 IP 地址和协议选择进行组合筛选。基本的捕获条件有两种：链路层捕获、IP 层捕获。

第三节　VLAN 安全技术

传统局域网的网段并不是按照用户相关的工作组或带宽的需求来将用户分组，因此，尽管工作组或部门的带宽需求可能有相当大的差异，但只要他们位于同一物理网段，就会共享相同的网段并且竞争同一个带宽。新型的 VLAN 技术解决了这个问题。

一、VLAN的特征

以太网交换机在物理上将一个局域网分割成个别的冲突域，每个网段是一个广播域的一部分，在一个交换机上的网段总数与一个广播域相等，这

表示所有网段上的所有节点都可以看到从网段上的各节点送出的广播。

虚拟局域网是一个网络设备或用户的逻辑分组，不受物理交换机网段的限制。无论网络设备的物理网段的位置在哪里，在虚拟局域网上的设备或用户都可以根据功能、部门、应用程序等来重新分组。虚拟局域网的设置是在交换机中通过软件来完成，它建立了一个不受物理区段限制且被视为子网的单一广播域，广播帧只会在相同的虚拟局域网内的连接端口之间交换。

在使用交换式设备的局域网中，使用虚拟局域网拓扑是一个非常经济有效的方式，它将网络用户群转化为虚拟工作组，而不用考虑网络的物理位置。

广播会发生在每个网络中。在一个虚拟局域网中的广播不会发送到虚拟局域网的外部去，这就如同一般的局域网；反过来说，邻近的连接端口也不会接收任何从其他虚拟局域网产生的广播。

（一）虚拟局域网的特点

（1）虚拟局域网工作在 OSI 参考模型的数据链路层或网络层中。

（2）虚拟局域网之间的通信由网络层的路由所提供。

（3）虚拟局域网提供了一种控制网络广播的方法。

（4）网络管理员可以将指定用户划分在特定的虚拟局域网中。

虚拟局域网在网络层的工作方式和传统的局域网没有什么不同，不管是传统的局域网还是虚拟局域网，不同的网络都需要靠路由器来连接。

（二）使用虚拟局域网的优点

（1）使用虚拟局域网技术，可以很方便地将交换端口与连接的用户逻辑定义为工作组，如：在同一部门的工作者、按功能分组的生产团队、不同的用户组共享相同的网络应用程序或软件时，可以将这些连接端口与用户在同一个交换机或连接的交换机上分组，因此便可形成虚拟局域网。

（2）虚拟局域网可以利用通过多个交换机将连接端口的用户分组的方

式扩充单一的建筑结构、相互连接的建筑，甚至是广域网（WAN）。

（3）虚拟局域网提供了一个有效的机制，用来控制网络结构的变动，降低了许多集线器与路由器重新分布的成本。如一般企业会持续不断地更新组织，人员也会调动。这些移动、新增与变更是让网络管理员最为头痛的问题，而且是网络管理中的最大花销。许多移动都需要重新布线，且几乎所有的移动都需要新的工作站定址，而且集线器与路由器也要重新组态。使用虚拟局域网可以控制这些变动，重新划分工作组，同时还能做到：① 去掉用户之间的物理边界；② 当用户移动时，增加解决方案的结构灵活性；③ 提供介于主干系统组件间互通性的机制。

（4）虚拟局域网可以提高网络的安全性。传统的共享式局域网的问题是很容易被渗透，只要接入可以使用的连接端口，接入的用户便可以访问区段中所有的流量，越大的分组，潜在的渗透访问就越多。一种可以增进安全、经济且易于管理的技术就是将网络分割成多个广播组，让网络管理员可以：① 限制组中用户的数量；② 预防没有从网络管理应用程序接收到认可的其他用户加入组；③ 设置没有使用的连接端口为默认的低服务用户组。

执行这种类型的区段，相对比较简单方便，交换端口会根据应用程序与访问权限的类型分组，受限的应用程序与资源通常会被放置在安全的分组中。这里所谓的分组，便是划分虚拟局域网。在安全的虚拟局域网中，交换机会限制访问进入，管理人员可以根据工作站地址、应用程序类型或协议类型来配置限制方法。

二、动态VLAN及其配置

虚拟局域网是一个交换式网络，根据功能、项目组或应用程序来逻辑分段，并不考虑用户的物理位置。交换机上指定为相同虚拟局域网的连接端口属于同一广播域，这些连接端口可以在同一个交换机上，也可能分布在几个不同的交换机上。不属于同一个虚拟局域网的连接端口，不管是不是在同一个交换机上，都不属于同一广播域，因此，虚拟局域网会提高网络的整体性能。

（一）VLAN 的划分方式

虚拟局域网的划分常见有三种方式：基于端口（Port）、基于 MAC 地址和基于 IP 地址。

（1）基于端口的虚拟局域网，在交换机上通过划分其端口而组成一个或多个虚拟局域网。基于端口的 VLAN 可以跨越多个交换机。用户由一个端口移至另一个端口，需重新设置 VLAN。

（2）基于 MAC 地址的虚拟局域网，通过网卡的 MAC 地址也可以划分虚拟局域网。因网卡的 MAC 地址是唯一的，所以用户改变端口不需要重新设置 VLAN。

（3）基于 IP 地址的虚拟局域网，部分支持网络层的交换机含内部路由功能，虚拟局域网之间的通信通过专用路由设备保证。

（二）动态 VLAN 的配置

VLAN 有静态和动态之分，静态 VLAN 就是事先在交换机上配置好，事先确定哪些端口属于哪些 VLAN，这种技术比较简单，配置也方便，这里主要讨论动态 VLAN 技术及其安全意义。

动态 VLAN 的配置如下。

1. VMPS 数据库配置文件

VMPS 数据库配置文件必须放置在 TFTP 服务器上，VMPS 数据库配置文件是一个 ASCII 码的文本文件。

2. 将交换机配置成 VMPS 服务器

配置完 VMPS 数据库后，需要配置 VMPS 服务器。通常，VMPS 服务器仅在 Cisco Catalyst 5500/6500 等高端交换机上支持，配置方式如下：

set vmps downloadmethod rcp | tftp ［username］

set vmps downloadserver ip_addr ［filename］

set vmps state enable

3. 将参与动态 VLAN 的交换机配置成 VMPS 客户端

配置完 VMPS 服务器后，需要将参与动态 VLAN 的交换机配置成 VMPS 客户端，其配置过程大致如下：

（1）在全局配置模式下，指定 VMPS 主服务器地址。

switch（config）#vmps server＜IP 地址＞primary

（2）定义 VMPS 备份服务器地址，可以同时定义三个备份服务器。

switch（config）#vmps server＜IP 地址 1＞

switch（config）#vmps server＜IP 地址 2＞

switch（config）#vmps server＜IP 地址 3＞

（3）将交换机端口配置为动态 VLAN 模式。

switch（config）#interface fa0/1

switch（config-if）#switchport mode access

switch（config-if）#switchport access vlan dynamic

（4）用户还可以通过下述命令来验证 VMPS 客户端的配置

vmps reconfirm minutes//重新配置时间间隔

vmps retry number-of-retries//重试次数

clear vmps server//清除 VMPS 服务器

clear vmps statistics//清除 VMPS 统计

show vmps//查看 VMPS 状态

至此，VMPS 的配置过程基本完成，如果有新的员工加入公司，则只需要修改 VMPS 数据库即可完成动态分配任务。

采用如上配置后，可以将公司的网络按照不同的员工和不同的设备划分开，因此数据安全更能得到保证。而且，当攻击者将自己的设备接入其他网络后，网络端口会因为非法入侵而自动关闭，获得了较好的安全性，并且将入侵者的 MAC 地址记录到相应的数据库中，完成攻击者查找的任务。

（三）PVLAN 及其配置

学校互联网数据中心（Internet Data Center，IDC）为学校的众多单位提供主机托管业务，构成了一个多客户的服务器群结构。在这些应用中，数据流量的流向几乎都是在服务器与客户之间，而服务器间的横向通信几乎没有；相反，属于不同客户的服务器之间的安全就显得至关重要。为了保证托管客户之间的安全，防止任何恶意的行为和信息探听，需要将每个客户从第二层进行隔离。原先的方法是，使用 VLAN 技术给每个客户分配一个 VLAN 和相关的 IP 子网。但随着托管主机的增加，这种分配给每个客户单一 VLAN 和 IP 子网的模型造成了巨大的扩展方面的局限。

通过 PVLAN 机制将这些服务器划分到同一个 IP 子网中，但服务器只能与自己的默认网关通信。

1. PVLAN 的端口类型

在 PVLAN 的概念中，交换机端口有隔离端口（Isolated Port）、团体端口（Community Port）和混杂端口（Promiscuous Port）三种类型。

（1）隔离端口：这种类型的端口彼此之间不能交换数据，只能与混杂端口通信，一般用作用户的接入端口。

（2）团体端口：这种类型的端口之间可以互相通信，也可以与混杂端口通信，主要应用在同一 PVLAN 中，给那些需要互相通信的一组用户使用。

（3）混杂端口：这种类型的端口可以与同一 PVLAN 中的所有端口互相通信，通常与路由器或第三层交换机相连接的端口都要配置成混杂端口，它收到的流量可以发往隔离端口和团体端口。

2. PVLAN 类型

PVLAN 有三种类型：主 VLAN（Primary VLAN）、隔离 VLAN（Isolated VLAN）和团体 VLAN（Community VLAN）。隔离端口属于隔离 VLAN，团体端口属于团体 VLAN，而主 VLAN 代表一个 PVLAN 整体。

隔离 VLAN 和团体 VLAN 都属于辅助 VLAN（Secondary VLAN），它们之间的区别是：同属于一个隔离 VLAN 的主机不可以互相通信，同属于一个团体 VLAN 的主机可以互相通信，但它们都可以和与之关联的主 VLAN 通信。

ARP 欺骗病毒便可以通过这种方法进行隔离。例如，某个 VLAN 内发现 ARP 病毒后，将 VLAN 配置成为一个隔离 VLAN 后，ARP 广播报文仅会传向混杂端口，而不会广播到整个 VLAN 中。

3. PVLAN 配置

在一些低端 Cisco 交换机上仅支持隔离端口特性，在高端的 6500/4500 上可以支持完整的 PVLAN 属性。下面介绍其配置过程。

（1）如果需要交换机支持 PVLAN 机制，首先需将交换机的 VTP 模式改为透明模式。

switch#vlan database

switch（vlan）#vtp mode transparent

switch（vlan）#exit

（2）创建主 VLAN 和辅助 VLAN。

switch（config）#vlan 900//创建主 VLAN

switch（config-vlan）#private-vlan primary

switch（config-vlan）#vlan 901//创建隔离 VLAN

switch（config-vlan）#private-vlan isolated

switch（config-vlan）#vlan 902//创建团体 VLAN

switch（config-vlan）#private-vlan community

switch（config-vlan）#exit

（3）在主 VLAN 中关联辅助 VLAN。注意，一个主 VLAN 只可以关联一个隔离 VLAN，但可以关联多个团体 VLAN。

switch（config）#vlan 900

switch（config-vlan）#private-vlan association 901，902

（4）取消关联或继续关联其他辅助 VLAN。

switch（config-vlan）#private-vlan association {add|remove} aux2-vlan

（5）将隔离端口加入隔离 VLAN 或团体 VLAN 中。

switch（config）#interface vlan primary-vlan-id

switch（config-if）#private-vlan mapping aux-vlan，aux1-vlan

switch（config-if）#private-vlan mapping {add|remove} aux2-vlan

switch（config）#interface ge0/11//将 ge0/11 口设为隔离端口

switch（config-if）#switchport

switch（config-if）#switchport private-vlan host-association 900 901

switch（config-if）#switchport mode private-vlan host

switch（config）#interface ge0/12//将 ge0/12 口设为团体端口

switch（config-if）#switchport

switch（config-if）#switchport private-vlan host-association 900 902

switch（config-if）#switchport mode private-vlan host

（6）将交换机的上联端口、连接路由器端口、公共服务器端口的类型设置为混杂端口。

switch（config）#interface fastethernet 0/24

switch（config-if）#switchport

switch（config-if）#switchport private-vlan mapping 900 901，902

switch（config-if）#switchport mode private-vlan promiscuous

（7）保存和验证配置。

switch（config-if）#end

switch#copy run start

switch#show interface fa 0/24 switchport

三、VLAN中的STP和VTP

STP（生成树协议，Spanning Tree Protocol）是一个防止环路，同时提供冗余线路的第二层管理协议。IEEE 802.1d 标准中有一套算法，称为"生成树算法"（Spanning Tree Algorithm），通过生成树协议来实施，可找出桥接网络的一个生成树。在生成树算法中，网络会先定义一个根结点交换机，其他各结点由根结点发展而来（例如找不构成环且离根结点最短的路径），好像由根结点长出来的树叶一样，然后重复在每一个网桥或交换机上进行运算，逐渐扩展到整个网络。经过这套算法运算后，可确保网络中没有路径循环，整个网络的逻辑拓扑会变成一个树状结构。在使用生成树协议的网络中，所有的交换机或网桥会按时发送及接收生成树帧，称为"桥接协议数据单元"（Bridge Protocol Data Unit，BPDU），以判断生成树拓扑。

VTP（VLAN 中继协议）用于保持整个交换网络中对 VLAN 的删除、添加、修改等管理的一致性。在同一个 VTP 域内，VTP 通过中继端口在交换机之间传送 VTP 信息，从而使一个 VTP 域内的交换机共享 VLAN 信息。

随着 VLAN 技术的日益完善，VLAN 技术越来越多地应用在交换以太网中，成为网络灵活分段和提高网络安全的方法。

第四节　无线局域网安全技术

随着无线通信技术的广泛应用，传统网络已经越来越不能满足人们的需求，于是无线网络应运而生，并迅速发展。尽管无线网络目前还不能完全独立于有线网络存在，但凭借其优越的灵活性和便捷性在网络应用中发挥着日益重要的作用。无线网络是无线通信技术与网络技术相结合的产物。无线局域网主要运用射频（Radio Frequency，RF）技术取代原来局域网系统中必不可少的传输介质（如同轴电缆、双绞线等）来完成数据信号的传送任务。无

线局域网安全性的一个主要方面是网络互联。互联网已经成为有线和无线网络的大集合，企业需要与内、外部进行通信，人们在开放的系统中工作。通过向有线网络提供一个访问点，有线网络和无线网络就会融合在一起，那么安全方面的中心工作是这两种网络的集成，并使网络的安全功能足够强大，能够记录和识别网络中的所有用户。无安全措施的无线局域网面临以下三大风险：网络资源暴露无遗、敏感信息被泄露、充当别人的跳板。

一、WLAN面临的安全威胁

要分析和设计一个系统的安全性，必须从攻防两个对立面入手。

WLAN 面临的所有安全威胁可分为被动攻击（Passive Attack）和主动攻击（Active Attack）两大类。

（一）被动攻击

被动攻击指的是未经授权的实体简单地访问网络，但不修改其中内容的攻击方式。被动攻击可能是简单的窃听（Interception）或流量分析。

窃听是指攻击者简单监视消息传送，获取其内容。例如，攻击者在两个客户端或者在无线设备和 AP 之间窃听 WLAN 中传输的消息内容。

流量分析是指攻击者通过监视消息的传输来分析通信方式。在通信实体之间可以获得大量非常有用的信息，以便进一步对网络实施攻击。

（二）主动攻击

主动攻击指的是未经授权的实体接入网络，并修改消息、数据流或文件内容的一种攻击方式。可以利用完整性检验检测到这类攻击，但无法防止这类攻击。主动攻击包括伪装（Fabrication）攻击、重放（Replay Attack）攻击、篡改（Modification）消息和拒绝服务（Denial of Service，DoS）攻击等。

伪装攻击是对认证性（真实性，Authenticity）进行攻击，它是指攻击者伪装成合法用户以获取某些没有授权的权限。例如，攻击者伪装成公共管理人员访问人事信息或工资表。重放攻击是指攻击者通过被动攻击检测传输的信息流，重传合法用户曾经发布过的信息。例如，产品降价信息。

篡改消息是对完整性进行攻击。它是指攻击者通过添加、删除、更改或重新组织来改变合法消息。

拒绝服务是对可用性进行攻击。它是指攻击者阻止或完全禁止通信设备（如 AP 或笔记本电脑等）的正常管理和使用。

此外，中断（Interruption）攻击是对系统设备的硬攻击。它是指破坏系统中的硬件、硬盘、线路和文件系统等，使系统不能正常工作。高能量电磁脉冲发射设备可以摧毁附近建筑物中的电子器件，正在研究中的电子生物可以吞噬电子器件。

二、无线局域网相关安全技术

随着无线局域网络的快速发展与环境的逐渐成熟，业界积极地在机场、车站与咖啡店等热点（Hot Spot）布建接入点（AP），推出公众无线局域网络的服务。而在 Wireless LAN 为使用者提供便利上网环境的同时，随之而来的安全性问题也成为大家关注的焦点。对于 WLAN 的网络安全，除了防毒与侦测软件外，加密技术与认证方式更是不可或缺的两大要素，这也是我们在讨论无线局域网络安全性时的重点。

（一）有线等效保密

有线等效保密协议（Wired Equivalent Privacy，WEP）是常见的数据加密措施。WEP 的目的是向无线局域网提供与有线网络相同级别的安全保护，用于保障无线通信信号的安全。WEP 也存在许多漏洞：首先，WEP 的认证机制过于简单，很容易被破解，加上密钥是手工输入与维护，更换密钥费时且困难，因此密钥通常长时间使用而很少更换，若一个用户丢失密钥，则将危及整个网络的安全；其次，WEP 的认证是单向的，AP 能认证客户端，但客户端不能认证 AP；再次，WEP 的初始向量（IV）太短，重用很快，为攻

击者提供了很大的方便；同时，WEP 标准支持每个信息包的加密功能，但不支持对每个信息包的验证，黑客可以从对已知数据包的响应来重构信息流，从而能够发送欺骗信息包；最后，WEP 加密无法应付"重传攻击"（Replay Attack）。当 ICV 被发现有漏洞时，有可能传输数据被修改而无法被检测到。

针对 WEP 的不足之处，现在提出了动态安全链路技术（Dynamic Security Link，DSL）对 WEP 加以扩展。DSL 采用了 128 位密钥，与 WEP 截然不同的是，DSL 采用的密钥是动态分配的。DSL 针对每一个会话（Session）都自动生成一把密钥，并且在同一个会话期间，对于每 256 个数据包，密钥将自动改变一次。DSL 要求无线 AP 中维护一个用户访问列表，并在用户端请求访问网络时进行用户名口令的认证，只有认证通过之后才允许访问网络。显然，采用 DSL 数据传输的保密性将极大增强。

（二）Wi-Fi 保护性接入

Wi-Fi 保护性接入（Wi-Fi Protected Access，WPA）是继承了 WEP 基本原理而又解决了 WEP 缺点的一种新技术，是 Wi-Fi 联盟 2003 年在 802.11 草案的基础上发布的加密标准。

WPA 标准采用了 TKIP（Temporal Key Integrity Protocol）加密、EAP 和 802.1X 等技术，作为 802.11 标准的子集，WPA 包含认证、加密和数据完整性校验三个组成部分，是一个完整的安全性方案，是一种比 WEP 更为强大的加密方法。WPA2 是 2004 年 6 月 IEEE 802.11i 标准最终确认后发布的加密标准。WPA2 使用 AES 算法进行认证和数据加密。相较于 WPA 而言，WPA2 使用 AES 加密完全脱离 RC4 加密算法，采用预授权方式来保证无缝切换，解决了 WPA 因为 AP 切换带来的中断问题。

（三）国家标准 WAPI

WAPI（Wireless LAN Authentication and Privacy Infrastructure，无线局域网鉴别与保密基础结构）是针对 IEEE 802.11 中 WEP 协议安全问题，在中国

无线局域网国家标准 GB 15629.11 中提出的 WLAN 安全解决方案。2009 年 6 月 15 日，WAPI 国际提案获得国际标准化组织 ISO 认同并进行标准化。

WAPI 的主要特点是采用基于公钥密码体系的证书机制，真正实现了移动终端（Mobile Terminal，MT）与无线接入点（AP）之间的双向鉴别。

（四）WLAN 的加密技术

根据密码算法所使用的加密密钥和解密密钥是否相同，能否由加密过程推导出解密过程（或者由解密过程推导出加密过程），可将密码体制分为单钥密码体制（也叫作对称密码体制、秘密密钥密码体制）和双钥密码体制（也叫作非对称密码体制、公开密钥密码体制）。

如果一个加密系统的加密密钥和解密密钥相同，或者虽然不相同，但是由其中的任意一个可以很容易地推导出另一个，则该系统所采用的就是对称密码体制。对称密码体制的优点是具有很高的保密强度，可以经受较高级破译力量的分析和攻击。但它的密钥必须通过安全可靠的途径传递，密钥管理成为影响系统安全的关键性因素，使它难以满足系统的开放性要求。

分组密码是一种常用的单钥体制。它将明文消息编码后的数字序列划分成组，各组分别在密钥的控制下变换成等长的输出数字序列。分组密码有自身的特点：首先，分组密码容易标准化；其次，使用分组密码容易实现同步。两种著名的分组密码算法如下。

1. DES

DES（Data Encryption Standard，数据加密标准）是一种分组密码，它用 56 位密钥（密钥总长 64 位，其中 8 位是奇偶校验位）将 64 位的明文转换为 64 位的密文。DES 的硬件实现的加密速率大约为 20 Mb/s，软件实现的速率大约为 400～500 kb/s。DES 专用芯片的加密和解密的速率大约为 1 Gb/s。DES 的圈函数 f 对 32 比特的串作如下操作。首先，将这 32 比特的串扩展成 48 比特的串；其次，将这 48 比特的串和 48 比特的密钥进行组合并将组合结

果作为八个不同 S 盒的输入。每个 S 盒的输入是 6 比特，输出是 4 比特。然后将 S 盒的 32 比特输出做置换作为圈函数 f 的输出。

然而，DES 也有其缺点，最尖锐的批评之一是 DES 的密钥太短，不能抵抗穷搜索密钥攻击。所以，美国政界和商界开始寻求高强度、高效率的替代算法。

2. AES

高级加密标准（Advanced Encryption Standard，AES）是 1997 年 1 月由美国国家标准和技术研究所（NIST）发布征集的新加密算法。NIST 制定的用于比较候选算法的评估准则分为安全性、成本、算法和实现特性等三大项。

1998 年，NIST 宣布接受 15 个候选算法并提请全世界密码学界协助分析这些候选算法。分析的内容包括对每个算法的安全性和效率进行初步检验。NIST 通过对这些初步研究结果的考察。

一般来讲，所有的加密算法都应该可以用于 WLAN 的加密。

WEP 协议自公布以来，它的安全机制遭到了广泛的抨击。自从美国加州大学伯克利分校的 Borisov，Goldberg and Wagner 最早发表论文指出 WEP 协议中存在设计失误以后，Fluhrer，Mantin，and Shamir 发表了名为"Weaknesses in the key scheduling algorithm of RC4"的文章，从理论上指出攻击者检验大约 400 万个数据包就可以推导出原始密钥。随后，美国 Rice 大学的 Adam Stubblefield 和 AT&T 实验室的 John Ioannidis、Aviel D.Rubin 合作，在实验中成功地破解出了长度达 128 bit 的 WEP 密钥。目前，在因特网上已经出现了许多可供下载的 WEP 破解软件，其中较为著名的有 AirSnort 和 WEPCrack。虽然 WEP 有着种种的不安全因素，但是 RSA Security 在英国的调查发现，67% 的 WLAN 都没有采取安全措施。

为了提高 IEEE 802.11x WLAN 的安全性，可以采取许多措施。比如，采用 DES、3DES 算法，也有些共同采用 WEP2 算法或其他算法。IEEE 学会和 WECA 建议在现有无线局域网基础上增加安全层（Security Layers）。例如，通过虚拟私有网络（VPN）为无线局域网络提供点对点间的安全。也有某些用户希望以较低的成本构建 AP 与应用层级安全的整合式解决方案。以公众无线局域网络的安全解决方案为例，业者最关心的是如何以最具成本效益的方式构建无线接入网络，通过 Wi-Fi 协议的高互操作性（Interoperability）来连接更多的用户。

此外，使用网际网络安全性协议（Internet Protocol security，IPSec）的 VPN 方案，也能支持许多企业级应用，而 IPSec 的客户端（Client）更是专为远程联结而建置的，以提供企业信息传输的安全，所以 VPN 基础架构也可用于无线网络中客户端的存取。而对于无法利用 VPN 来强化加密功能的无线局域网络，则可用高级移动安全架构（Advanced Mobile Security Architecture，AMSA）。AMSA 是以会话（Session-based）为基础，而非以帧（Frame-based）为基础，并使用 RC4 加密技术来避免在 WEP 中所产生的许多缺点。RC4 加密技术不同于 WEP 只将个别封包重新给予密钥的做法，它以每一个封包尾端的运算状态作为下一个封包加密的开端。此外，每位使用者都拥有独特的密钥，用于工作间的加密传输。

目前，市场上并没有其他的安全解决方案能提供“每个用户，每次会话”（per User per Session）的加密方式。不管通过何种传输方式，几乎所有的解决方案都采用单一的 WEP 密钥作为加密技术，将 AP 的信息传送至工作站。在大多数的情况下，所有的工作站也都使用单一密钥将工作站的信息传送至 AP，而 RC4 加密技术则以每个使用者会话为基础，针对消极性的窃取攻击行为提供保护措施。

事实上，IEEE 802.11 的附属安全标准 IEEE 802.11i 已具体地定义出严密的加密运算，作为未来 IEEE 802.11 的网络安全标准。

中国的无线局域网国家标准定义的安全机制 WAPI（WLAN Authentication and Privacy Infrastructure）中，WP（WLAN Privacy Infrastructure）部分采用 128/192/256 bit 的分组加密算法（动态密钥）实现对传输的数据加密。它采用对称密码算法实现对 MAC 层 MSDU 进行的加解密操作。

（五）WLAN 的认证技术

IEEE 802.11 中定义了两种 MAC 层的认证方式，即开放系统（Open System）认证和共享密钥（Shared Key）认证。但开放系统认证实质上是一个空认证算法；而共享密钥只允许一对终端之间的认证，对于多终端之间的相互认证是不太可行的，这是因为随着终端用户的增加，分配共享密钥成了一件非常困难的事情。由于密钥在多终端用户间分配的困难性，使得不在同一个 BSS 结构中的终端之间的相互认证不太可能，从而限制了终端的移动性。同时，共享密钥认证算法采用的是基于单钥体制的 WEP 算法，而 WEP 算法近几年被指出存在一些安全上的漏洞。

从原理上讲，采用上述的多种认证方式都可对连接无线网络的工作站进行认证。下面介绍几种常用的 WLAN 的认证技术。

1. 使用 CHAP 的 AS 认证

在这种认证方式中，终端必须使用点对点通信协议 PPP 的 CHAP 方式作为认证标准。CHAP 是构建一个以难题鉴别（Challenge and Challenge Response）为认证的协议，因此，用户的登录名称与密码不容易遭到拦截，所有用户的认证资料都经由加密信道保护，以防止盗用。此方式是将 PPP 服务器所接收的质询响应，压缩为远程拨入用户认证服务 RADIUS（Remote Authentication Dial In User Service）的接入要求信息，并传送给 RADIUS 服务器。

由于接入服务器（AS）对质询信息会产生一个新的 CHAP 质询值作为响应，因此取得用户登录名称及组合密码的黑客，无法以手中资料响应目标网络，也就是黑客即使把分散的密码拼凑起来也无法响应新的 CHAP 质询值。

虽然，黑客可能再次取得用户名称，但必须改变 MD5 杂凑函数（MD5 Forward Hashing）才能重新取得使用密码。理论上，虽然通过字典式攻击法

（Dictionary Attack）是有可能改变 MD5 杂凑函数，但这需要相当大的运算资源才能做到。因此，目前使用 CHAP 认证能有效地防止不定期的攻击，并适用于多种应用方案。

2. 使用 PAP 的 AS 认证

目前，以 PAP 为基础的认证系统经常与 RADIUS 联合使用。仅就 PAP 认证而言，是在 AS 的 RADIUS 客户端（而不是在终端工作站），以 MD5 杂凑函数处理用户密码，终端工作站会将密码传送至 AS，即由工作站与 AS 之间的加密信道来保护信息交换，以防止被盗用。AS 会将密码重新拼凑，并通过 RADIUS 的共享机密方式将新密码重新加密，再将其传送至 RADIUS 服务器。这些系统对于防范"中间人（man-in-the-middle）"型的攻击而言相当有效。只有当攻击者成功地侵入 RADIUS 服务器取得新的 MD5 杂凑函数式密码，或是在密码重新拼凑前用自创的服务器软件负载以取得密码，才会让此种防护措施失去效用。然而，上述两项攻击都极难达成。

3. 使用安全代码以提供"单次使用密码 OTP"的 AS 认证

IT 管理者能规划网络 RADIUS 服务器使用如 RSA 的 SecurID 等安全代码（Secure Token）为接入无线网络的用户提供"单次使用密码 OTP（One Time Password）"的网络接入服务。黑客必须在一分钟内获取并使用密码，或是盗取一个安全代码与该用户的密码；否则，无法进入网络。而所有常见的 RADIUS 服务器都可与 SecurID 一起运作。

结合 CHAP、PAP 与单次使用密码能提供更为严密的安全防护功能，能有效地避免拦截型攻击，即使攻击者能在 MD5 杂凑函数中取得新的用户密码，这个新的密码也无法再使用。

4. IEEE 802.1x 标准认证

IEEE 802.1x 标准认证是结合工作站上建立的会话密钥（Session Key）与 RADIUS 服务器等，提供一个以证书（Certificate）为基础的相互认证机制。

此外，IEEE 802.1x 基于端口（port）标准认证协议需要通过一条安全线路连接目标网络，以事先分配客户端与服务器端的证书。

5. 可扩展认证协议（EAP）

EAP 是 PPP 认证中的一个通用协议，可以支持多种认证机制，如智能卡、Kerberos 公钥、OTP、IEEE 802.1x 等。其特点是 EAP 在链路控制阶段没有选定一种认证机制，而把这一步推迟到认证阶段。

6. CA 认证

基于证书和 CA（Certificate Authorities）的认证系统将会是未来认证系统发展的主要方向。CA 系统是目前在电子商务中以及几乎所有使用非对称密钥体制的网络安全系统中最为重要的组成部分。CA 通过颁发证书将公钥与它所声称的所有者联系在一起，它的基本功能是实现系统用户的全局管理、用户身份认证和保密通信中的密钥协商等。

应当指出，WLAN 的安全问题目前已经引起了人们的广泛关注，甚至有人对于 WLAN 的应用前景产生了怀疑。然而，我们必须看到人们对 WLAN 安全的认识一直存在误区，总是认为在空间传播的射频电波容易被捕获，而固定的有线电缆传输的数据就是安全的。其实在有线电缆上进行窃听要比在空中拦截电波信号容易，而且设备也简单得多。所以必须澄清，无线网络的安全性并没有想象的那么差，只是伴随 WLAN 应用的增多，WLAN 地位的提升和 IEEE 802.11 协议本身存在的一些瑕疵，其安全问题才凸显出来。

三、WLAN安全协议原理

WLAN 主要通过射频（Radio Frequency，RF）电波在空间传播而非电缆传输，信息很容易扩散到希望被接收的范围之外，这使得安全保护装置，甚至防火墙都无能为力。此外，由于 Internet 的全球性、开放性、共享性、动态性和无缝连接性，其本身的安全机制非常脆弱。除了由于系统管理、配置不当，使用编写粗糙的软件等造成的漏洞外，一个重要的原因是目前 Internet

所使用的 TCP/IP 协议栈中没有任何协议提供对通信双方的身份认证，也没有任何机制实现对数据包内容的认证和加解密，这同时也是无线局域网技术中存在的问题。因此，在设计与部署 WLAN 时需要采用一种不同于有线网络的安全保护机制。

四、无线局域网的安全防护措施

如果在一开始应用无线网络时，就充分考虑其安全性，设置安全防护措施，则可将无线网络的安全问题降到最低。常见的无线网络安全保护措施有以下几种。

（一）SSID 的设置

SSID 即服务集标识符，用于标识无线网络的名称。无线工作站只有设置正确的 SSID 才能访问无线网络，用于区别不同的无线网络，能对无线网络起到一定的保护作用。但是，如果用户设置无线 AP 向外广播 SSID，则安全程度就会降低。知道该无线网络的 SSID 后，未经授权的用户就可在无线信号覆盖范围内，轻松地进入无线网络搞破坏活动或窃取重要资料。

因此，在无线网络中不能使用默认的 SSID，设置不同的 SSID，并要求无线工作站出示正确的 SSID 才能访问 AP，这样就可以允许不同群组的用户接入，并对资源访问的权限进行区别限制。另外，一定要禁止无线 AP 或无线路由器向外广播其 SSID。

（二）选择加密方式

目前在无线局域网中采用的加密方式主要有有线等效保密和 Wi-Fi 保护接入。

1. 有线等效保密

有线等效保密（Wired Equivalent Privacy，WEP），在链路层采用 RC4

对称加密技术，用户的加密密钥必须与 AP 的密钥相同时才能获准存取网络的资源，从而防止非授权用户的监听以及非法用户的访问。

2. Wi-Fi 保护接入

保护接入（Wi-Fi Protected Access，Wi – Fi WPA）是继承了 WEP 基本原理而又解决了 WEP 缺点的一种新技术。

WPA 可以提供企业级的安全保护，第二代 WPA 可以提供政府级的安全保护措施。因此建议用户，至少选用 WPA 加密方式。而 WPA 又分为 PSK 和 EAP 两种验证方式，差别在于 EAP 需要有认证服务器进行验证，适合企业用户，PSK 不需认证服务器。

（三）修改无线 AP 的管理密码

对无线 AP 和无线路由器，一定要修改默认的管理密码，防止黑客利用默认的管理密码，获得权限，对无线网络进行攻击和破坏。

（四）企业用户的无线网络安全管理

在企业中，很多安全问题不仅是技术问题，而且包括管理问题。例如，制定无线网络管理规定，规定员工不得把网络设置信息告诉公司外部人员，禁止设置对等模式的无线网络结构，对网络管理人员进行知识培训。

五、第三方无线局域网安全防护协议和技术

（一）WEP 与 IPSec 结合

近几年的网络安全历史表明，IPSec 是最有效和最可信任的通信安全协议之一。当无线用户连接到局域网并试图获得与局域网本地用户一样的权限时，基于 IPSec 的 VPN 能为其提供强大的安全策略支持。

IPSec 是由互联网工程任务组（The Internet Engineering Task Force，

IETF）开发的一个国际标准，是一个开放的安全体系结构。IPSec 提供了如何使敏感数据在开放的网络（如 Internet）中传输的安全机制。IPSec 协议把多种安全技术集合到一起，可以建立一个安全、可靠的通道。这些技术包括 Diffie-Hellman 密钥交换技术，DES，RC4，IDEA 数据加密技术，哈希散列算法 HMAC、MD5、SHA，数字签名技术等。

（二）点对点通道协议（PPTP）

点对点通道协议（Point-to-Point Tunneling Protocol，PPTP）是一种支持多协议虚拟专用网络的网络技术。PPTP 可以用于在 IP 网络上建立 PPP 会话通道。在这种配置下，PPTP 通道和 PPP 会话运行在两个相同的机器上，呼叫方充当 PNS，PPTP 使用客户机/服务器结构来分离当前网络访问服务器具备的一些功能并支持虚拟专用网络。PPTP 作为一个呼叫控制和管理协议，它允许服务器控制来自 PSTN 或 ISDN 的拨入电路交换呼叫访问并初始化外部电路交换连接。

（三）第二层通道协议（L2TP）

第二层通道协议（Layer 2 Tunneling Protocol，L2TP）是由 IETF 起草，微软、Ascend、Cisco、3COM 等公司参与制定的二层通道协议。L2TP 协议结合了 PPTP 和 L2F 两种二层通道协议的优点，为众多公司所接受，已经成为 IETF 有关二层通道协议的工业标准。L2TP 也会压缩 PPP 的帧，从而压缩 IP、IPX 或 NetBEUI 协议，同样允许用户远程运行依赖特定网络协议的应用程序。与 PPTP 不同的是，L2TP 使用 IPSec 机制来进行身份验证和数据加密。目前 L2TP 只支持通过 IP 网络建立通道，不支持通过 X.25 帧中继或 ATM 网络的本地通道。

（四）利用虚拟局域网防护 WLAN

虚拟局域网（Virtual LAN，VLAN）就是在一个网络中，把某些设备划

分到一个逻辑组中，这个逻辑组就是一个虚拟的局域网。在 VLAN 中，无论设备物理位置如何，都可以划分到一个逻辑小组中。

在专用网络环境下，利用 VLAN 即虚拟局域网分割 WLAN，并将其与内部防火墙外的公共网络区连接起来。可以把公共网络区分为两部分，一部分（DMZ-1）用于与外部网络 Internet 进行连接，另一部分（DMZ-2）用作 WLAN 内部用户的公用区。可以通过防火墙把 WLAN 内部用户与外部网络隔离。这样就可以阻止用户直接利用 WLAN 的公共网络接入 Internet，并保护用户免受来自 Internet 的攻击。

（五）漫游及"动中通"安全防护措施

当无线用户的 IP 地址在漫游过程中不断变化时，就必须使用动态 IP。动态 IP 可以支持移动节点在漫游的过程中访问不同的 IP 子网，并实现有效清晰的通信，实际上这也为有线网络和无线网络中的移动节点提供了一种动态管理机制。动态 IP 为固定 MU（Mobile Unit，移动单元）用户分配地址，以便其与移动用户进行连接交互，而且不影响 WLAN 的已有部分。

WLAN 中用户可以通过使用无线网关与漫游中的移动用户进行连接。无线网关可以对漫游时的信道进行分配，并解决由于用户数量过多产生的信道阻塞问题，以此实现"动中通"。

为了解决 WLAN "动中通"的安全保密问题，必须对通信内容进行 WEP 加密。WEP 密钥必须分区设置，而且必须频繁更新。而且对于移动用户来说，WEP 密钥是唯一的，这就产生了密钥如何分发的问题。因此，必须建立密钥分发机制。密钥分发机制可以在无线网关上实现。

第五章　网络攻击技术

第一节　网络扫描与监听

一、网络扫描

（一）网络扫描的基础知识

1. 信息收集

信息收集是指通过各种方式获取所需要的信息。信息收集是信息得以利用的第一步，也是关键一步，通过获取的数据可以分析网络安全系统，也可以利用它获取被攻击方的漏洞。因而无论是从网络管理员的安全角度还是从攻击者角度出发，它都是非常重要且不可缺少的步骤。信息收集工作的好坏直接影响到入侵与防御的成败。信息收集分为以下三个部分。

（1）使用各种扫描工具对入侵目标进行大规模扫描，得到系统信息和运行的服务信息，这涉及一些扫描工具的使用。

（2）利用第三方资源对目标进行信息收集，比如常见的搜索引擎有Google、百度等。Google Hacking 就是一种很强大的信息收集技术。

（3）利用各种查询手段得到与被入侵目标相关的一些信息。通常通过这种方式得到的信息会被社会工程学（通常是利用大众疏于防范的特点，让受害者掉入陷阱）这种入侵手法利用，并且社会工程学入侵手法也是最难察觉和防范的。

2. 网络扫描

网络扫描是信息收集的重要步骤，通过网络扫描可以进一步定位目标，获取与目标系统相关信息，同时为下一步的攻击提供充分的资料，从而大大提高攻击的成功率。

（1）网络扫描分为以下三个步骤。

① 定位目标主机或者目标网络。

② 针对特定的主机进行进一步的信息获取，包括获取目标的操作系统类型、开放的端口和服务、运行的软件等。对于目标网络，则可以进一步发现其防火墙、路由器等网络拓扑结构。

③ 通过前面的两个步骤，对目标已经有了大概的了解，但仅凭此进行攻击还不够。根据前面扫描的结果可以进一步进行漏洞扫描，发现其运行在特定端口的服务或者程序是否存在漏洞。

（2）网络扫描主要扫描以下几方面信息。

① 扫描目标主机，识别其工作状态（开/关机）。

② 识别目标主机端口的状态（监听/关闭）。

③ 识别目标主机操作系统的类型和版本。

④ 识别目标主机服务程序的类型和版本。

⑤ 分析目标主机、目标网络的漏洞（脆弱点）。

⑥ 生成扫描结果报告。

网络扫描大致可分为主机发现、端口扫描、枚举服务、操作系统扫描和漏洞扫描五个部分。

（二）网络扫描的常用工具

扫描工具对于攻击者来说是必不可少的工具，也是网络管理员在网络安全维护中的重要工具。扫描工具是系统管理员掌握系统安全状况的必备工具，是其他工具无法替代的，通过扫描工具可以提前发现系统的漏洞，做好防范。目前各种扫描工具有很多，比较常见的有 X-Scan、流光（Fluxay）、SuperScan 等。

1. X-Scan

X-Scan 是国内著名的综合扫描器之一，它完全免费，是无需安装的绿色软件。其界面支持中文和英文两种语言，包含图形界面和命令行方式。X-Scan主要由国内著名的民间黑客组织"安全焦点"开发，X-Scan 把扫描报告和安全焦点网站相连接，对扫描到的每个漏洞进行"风险等级"评估，并提供漏洞描述、漏洞溢出程序，方便网管测试、修补漏洞。

其采用多线程方式对指定 IP 地址段（或单机）进行安全漏洞检测，支持插件功能，提供了图形界面和命令行两种操作方式。扫描内容包括：远程操作系统类型及版本、标准端口状态及端口 BANNER 信息、CGI 漏洞、IIS 漏洞、RPC 漏洞等。

2. 流光（Fluxay）

流光是一款很好的 FTP、POP3 解密工具。其界面精美，功能强大，是扫描系统服务器漏洞的利器。其虽然不再更新，但是仍可以检测到 Windows 系列的系统。

3. SuperScan

SuperScan 是功能强大的端口扫描工具。通过 ping 来检验 IP 是否在线；实现 IP 和域名相互转换；检验目标计算机提供的服务类别；检验一定范围目标计算机是否在线和端口情况；利用工具自定义列表检验目标计算机是否

在线和端口情况；自定义要检验的端口，并可以保存为端口列表文件；软件自带一个木马端口列表 trojans.lst，通过列表可以检测目标计算机是否有木马；同时，也可以自己定义修改这个木马端口列表。

（三）网络扫描的原理

网络扫描的基本原理是通过网络向目标系统发送一些特征信息，然后根据反馈情况，获得有关信息。网络扫描通常采用两种策略：被动式策略和主动式策略。所谓被动式策略就是基于主机，对系统中不合适的设置、脆弱的口令以及其他与安全规则抵触的对象进行检查。主动式策略是基于网络的，它通过执行一些脚本文件模拟对系统进行攻击的行为并记录系统的反应，从而发现其中的漏洞。利用被动式策略扫描称为安全扫描，利用主动式策略扫描称为网络安全扫描。

（四）网络扫描的技术

1. 端口扫描技术

端口扫描是指通过检测远程或本地系统的端口开放情况来判断系统所安装的服务和相关信息。其原理是向目标工作站、服务器发送数据包，根据反馈信息来分析出当前目标系统的端口开放情况和更多细节信息。

端口扫描是入侵者搜集信息的常用手法之一。一般来说，端口扫描有如下目的。

第一，判断目标主机中开放了哪些服务。网络服务一般采用固定端口，如 HTTP 服务使用 80 端口，如果发现 80 端口开放，也就意味着该主机安装有 HTTP 服务。

第二，判断目标主机的操作系统。一般情况下，每种操作系统都开放有不同的端口供系统间通信使用，因此根据端口号也可以大致判断出目标主机的操作系统。一般认为开放有 135、139 端口的主机为 Windows 系统；如果还有 5000 端口是开放的，则该主机为 Windows XP 系统。当然通过返回的网络堆栈信息，可以更精确地知道操作系统的类型。

如果入侵者掌握了目标主机开放了哪些服务、运行何种操作系统等情况，他们就能够使用相应的攻击手段实现入侵。因此，扫描系统并发现其开放的端口，对于网络入侵者来说是非常重要的。

很显然，如果要了解端口的开放情况，必须知道端口是如何被扫描的。在端口扫描的具体实现中，扫描软件将尝试与目标主机的某些端口建立连接，如果目标主机的该端口有回复，则说明该端口开放，即为"活动端口"。

（1）ICMP 扫描技术

ICMP 是 IP 层协议，常用的 Ping 命令就是利用 ICMP 协议实现的，在这里主要是利用 ICMP 协议最基本的用途——报错。根据网络协议，如果按照协议出现了错误，那么接收端将产生一个 ICMP 的错误报文。这些错误报文并不是主动发送的，而是由于错误，根据协议自动产生的。通过目标返回的 ICMP 错误报文，可以判断哪些协议正在使用。如果返回 Destination Unreachable，那么主机没有使用这个协议；相反，如果什么都没有返回的话，主机可能在使用这个协议，但是也可能是防火墙等软件将错误报文过滤掉。

（2）TCP 扫描技术

最基本的 TCP 扫描技术就是使用 Connect()，这种方法很容易实现。如果目标主机能够 Connect，就说明有一个相应的端口打开，不过这也是最原始和最先被防护工具拒绝的一种。在高级的 TCP 扫描技术中，主要利用 TCP 连接的三次握手特性来进行，也就是所谓的半开扫描。这些办法可以绕过一些防火墙，而得到防火墙后面的主机信息。当然，是在不被欺骗的情况下。

（3）UDP 扫描技术

在利用 UDP 扫描技术实现的扫描中，多是采用和 ICMP 扫描技术相结合的方式进行。还有一些特殊的是 UDP 反馈。

一般的端口扫描的原理其实非常简单，只是简单地利用操作系统提供的

Connect（）系统调用，与每一个感兴趣的目标计算机的端口进行连接。如果端口处于侦听状态，那么 Connect（）就能成功；否则，这个端口不能用，也没有提供服务。这个技术的一个最大的优点是不需要任何权限，系统中的任何用户都有权利使用这个调用；另一个好处就是速度快，如果对每个目标端口以线性的方式使用单独的 Connect（）调用，那么将会花费相当长的时间。可以同时打开多个套接字，从而加速扫描，使用非阻塞 I/O 允许设置一个低的时间用尽周期，同时观察多个套接字。但这种方法的缺点是能够很容易被发觉，从而被过滤掉。目标计算机的日志文件会显示一连串的连接和连接时出错的服务信息，并且能很快地使它关闭。

2．漏洞扫描技术

（1）漏洞扫描技术原理

漏洞扫描主要是通过以下两种方法检查主机是否存在漏洞：第一种，在端口扫描后得知目标主机开启的端口以及端口上的网络服务，将这些相关信息与网络漏洞扫描系统提供的漏洞库进行匹配，查看是否有满足匹配条件的漏洞存在；第二种，通过模拟黑客的攻击手法，对目标主机系统进行攻击性的安全漏洞扫描，如测试弱势口令等。若模拟攻击成功，则表明目标主机系统存在安全漏洞。

（2）漏洞扫描技术的实现方法

第一，漏洞库的匹配方法。基于网络系统漏洞库的漏洞扫描的关键部分就是它所使用的漏洞库。通过采用基于规则的匹配技术，即根据安全专家对网络系统安全漏洞、黑客攻击案例的分析和系统管理员对网络系统安全配置的实际经验，可以形成一套标准的网络系统漏洞库，然后再在此基础之上构成相应的匹配规则，由扫描程序自动进行漏洞扫描的工作。这样漏洞库信息的完整性和有效性决定了漏洞扫描系统的性能，漏洞库的修订和更新的性能也会影响漏洞扫描系统运行的时间。因此，漏洞库的编制不仅要对每个存在安全隐患的网络服务建立对应的漏洞库文件，而且应当满足前面所提出的性能要求。

第二，插件（功能模块技术）技术。插件是由脚本语言编写的子程序，扫描程序可以通过调用它来执行漏洞扫描，检测出系统中存在的一个或多个漏洞。添加新的插件就可以使漏洞扫描软件增加新的功能，扫描出更多的漏洞。插件编写规范化后，用户可以用多种脚本语言编写的插件来扩充漏洞扫描软件的功能。这种技术使漏洞扫描软件的升级维护变得相对简单，而专用脚本语言的使用也简化了编写新插件的编程工作，使漏洞扫描软件具有很强的扩展性。

二、网络监听

（一）网络监听的概念

网络监听作为一种发展比较成熟的技术，在协助网络管理员监测网络传输数据、排除网络故障等方面具有不可替代的作用，因而一直备受网络管理员的青睐。然而，网络监听也给以太网安全带来了极大的隐患，许多网络入侵往往都伴随着以太网内网络监听行为，从而造成口令失窃、敏感数据被截获等安全事件。网络监听是一种监视网络状态、数据流程以及网络上信息传输的管理工具，是通过截获网络上其他人通信的数据流并从中提取重要信息的一种方法。也就是说，当黑客登录网络主机并取得超级用户权限后，若要登录其他主机，使用网络监听便可以有效地截获网络上的数据，这是黑客最常用的方法。但是网络监听只能应用于连接同一网段的主机，通常被用来获取用户密码等。

网络监听具有间接性和隐秘性。间接性是指网络监听利用现有网络协议的一些漏洞来实现，不直接对受害主机系统的整体性进行任何操作或破坏。隐蔽性是指网络监听只对受害主机发出的数据流进行操作，不与主机交换信息，也不影响受害主机的正常通信。

（二）网络监听的技术原理

在网络中，当信息进行传播的时候，可以利用工具将网络接口设置为监听模式，便可将网络中正在传播的信息截获或捕获，从而进行攻击。网络监听在网络中的任何一个位置模式下都可实施。下面介绍共享式局域网和交换式局域网下网络监听的主要工作原理。

1. 共享式局域网下的网络监听

共享式局域网采用的是广播信道，局域网内的每一台主机所发出的帧都会被全网内所有主机接收。一般网卡具有四种工作模式：广播模式、多播模式、直接模式和混杂模式。多播模式是指传送地址作为目的物理地址的帧可以被组内的其他主机同时接收，而组外主机却接收不到。但是如果将网卡设置为混杂模式，它可以接收所有的多播传送帧，而不论它是不是组内成员。网卡的默认工作模式是广播模式和直接模式，即只接收广播的和发给自己的帧，具体来说，即使用 MAC 地址来确定数据包的流向，若等于广播 MAC 地址或是自己的 MAC 地址，则提交给上层处理程序，否则丢弃此数据。当网卡工作于混杂模式时，它不做任何判断，直接将接收到的所有帧提交给上层处理程序。共享式网络下的监听就是使用网卡的混杂模式。

2. 交换式局域网下的网络监听

共享式局域网主要的网络设备是集线器，也就是 Hub，主要工作在物理层。与共享式局域网不同，交换式局域网主要的网络设备是交换机，主要工作在数据链路层。在数据链路层，数据帧的目的地址是以网卡的 MAC 地址来标识。交换机在工作时维护着 ARP 的数据库，在这个库中记录着交换机每个端口绑定的 MAC 地址。当有数据报发送至交换机上时，交换机会将数据包的目的 MAC 地址与自己维护的数据库内的端口对照，然后将数据报发送至相应的端口中。不同于集线器的报文广播方式，交换机转发的报文是一一对应的。对于数据链路层而言，仅有两种情况会发送广播报文：一是数据报的目的 MAC 地址不在交换机维护的数据库中,此时报文向所有端口转发;二是报文本身就是广播报文。因此,这在很大程度上解决了网络监听的困扰,普通的网络监听软件如 Sniffer 就无法监听到交换环境下其他主机任何有价值的数据。

虽然交换式局域网能够抵御普通软件的监听,但也不是完全安全的,如 ARP 攻击。ARP 是地址解析协议,是一种将 IP 地址转换成物理地址的协议。ARP 具体来说就是将网络层地址解析为数据链路层的 MAC 地址。ARP 攻击是针对地址解析协议的一种攻击技术。此种攻击可让攻击者取得局域网上的数据封包甚至可篡改封包,且可让网络上特定计算机或所有计算机无法正常连接。ARP 攻击就是通过伪造 IP 地址和 MAC 地址实现 ARP 欺骗,能够在网络中产生大量的 ARP 通信量使网络阻塞,攻击者只要持续不断地发出伪造的 ARP 响应包就能更改目标主机 ARP 缓存中的 IP-MAC 条目,造成网络中断或中间人攻击。局域网中若有一台计算机感染 ARP 木马,则感染该 ARP 木马的系统将会试图通过"ARP 欺骗"手段截获所在网络内其他计算机的通信信息,并因此造成网络内其他计算机的通信故障。

(三)网络监听的防范

当成功地登录到一台网络主机并取得了这台主机的超级用户权限之后,往往要尝试登录或夺取网络中其他主机的控制权。而网络监听则常常能轻易获得用其他方法很难获得的信息。使用最方便的是在一个以太网中任何一台联网主机上运行监听工具,这是多数黑客的做法。网络监听的防范一般比较困难,通常可采取数据加密、网络分段以及运用 VLAN 技术。

1. 数据加密

数据加密的优越性在于,即使攻击者获得了数据,如果不能破译,这些数据对他也是没有用的。一般而言,人们真正关心的是那些秘密数据的安全传输,使其不被监听和窃取。如果这些信息以明文的形式传输,就很容易被

截获并阅读出来。因此，对秘密数据进行加密传输是一个很好的办法。

2. 网络分段

因为网络监听只能监听到本网段内的传输信息，所以可以采用网络分段技术，建立安全的网络拓扑结构。将一个大的网络分成若干个小的网络，如将一个部门、一个办公室等可以相互信任的主机放在一个物理网段上，网段之间再通过网桥、交换机或路由器相连，实现相互隔离。这样即使某个网段被监听了，网络中其他网段还是安全的。因为数据包只能在该子网的网段内被截获，网络中剩余的部分（不在同一网段的部分）则被保护。

3. 运用 VLAN 技术

运用 VLAN（虚拟局域网）技术，将以太网通信变为点对点通信，可以防止大部分基于网络监听的入侵。

第二节　网络入侵

一、网络入侵的概念

计算机网络现已渗透到人们的工作和生活中，随之而来的非法入侵和恶意破坏也越发严重。原有的静态、被动的安全防御技术已经不能满足对安全要求较高的网络，一种动态的安全防御技术——入侵检测技术应运而生。

入侵是指在非授权的情况下，试图存取信息、处理信息或破坏系统以使系统不可靠、不可用的故意行为。网络入侵通常是指入侵者掌握了熟练编写和调试计算机程序的技巧，并利用这些技巧来进行非法或未授权的网络访问或文件访问、入侵公司内部网络的行为。早先站在入侵者的角度把对计算机的非授权访问称为破解。随着非法入侵的大量增多，从被入侵者角度出发的用以发现对计算机进行非授权访问的行为称为入侵检测。

二、计算机网络入侵手段

在计算机网络技术飞速发展的背景下，计算机网络入侵的技术与手段也在逐渐增多，为计算机用户的信息安全带来了极大的危害。在实际的计算机网络防御技术与系统的构建工作中，人们需要首先认识和了解计算机网络的入侵手段。只有对计算机网络入侵与攻击方式有个全面的了解和掌握，才可以有针对性、系统性地全面构建计算机网络防御系统与相关技术。

（一）病毒木马入侵

病毒木马入侵与攻击是计算机网络中比较常见的安全问题，严重危及网络的安全。计算机病毒具有变化众多、威胁大、特征众多、影响严重等特点。当计算机杀毒软件发现病毒并加以处理时，大多数病毒会在原有基础上对自身代码进行修改，由此产生一系列的全新特征，一些计算机病毒甚至可以在几分钟之内就实现对自身代码的更改。大多数计算机病毒会选择依附在计算机程序软件中，或借助移动便携设备来实现传播。U盘对于计算机病毒而言就是一个良好的移动设备载体，病毒依附在移动设备中，不容易被计算机用户发现，在很大程度上能够在计算机用户未察觉时传播至其他计算机设备中。现实生活中计算机病毒具有传播范围广、传播速度快且种类众多的特点，极容易对计算机设备的数据文件造成破坏，甚至破坏计算机硬件，导致计算机出现损坏，无法正常运行工作。

通常情况下，计算机木马一般是程序员恶意制造而来，其主要是借助程序伪装成计算机程序、计算机工具或是计算机游戏，引诱用户将其打开。用户打开之后木马就会嵌入用户计算机中，并滞留在计算机中，在计算机用户不知情的情况下，木马能够让黑客控制计算机系统，并可以借助木马对计算机用户在使用计算机时的一举一动进行监视，篡改甚至窃取计算机的数据信息。

（二）漏洞、端口扫描

在互联网时代，每一个应用都是一个程序，在开发程序时，不可避免会遇到设计不周全的问题，出现程序漏洞问题，或是程序开发者在开发程序时为了确保自身测试工作的顺利进行，往往会选择留有程序后门，此时黑客就会借助这些程序后门来攻击计算机。通常情况下，在攻击计算机时黑客会扫描和发现漏洞，并且在查找漏洞资料后下载程序的相应编译工具，从而利用程序漏洞或是后门实现攻击。通常情况下，漏洞安全问题普遍存在于计算机系统或计算机应用程序中，随着计算机网络技术的发展，漏洞攻击的周期逐渐缩短，其带来的威胁也在逐渐增大。

端口扫描一般是指黑客通过向计算机发送端口扫描信息，就可以达到攻击入侵计算机的目的。通过端口扫描的攻击方式，黑客能够知晓计算机的服务类型，从而在此信息基础上针对计算机的薄弱环节进行进一步攻击和入侵。例如，FTP、WWW 服务等都是黑客常常针对的计算机服务类型，以此来达到攻击和入侵的目的。通常情况下，黑客会主动收集计算机的资料，并针对目标计算机的操作系统、主机服务或网络等弱点进行扫描攻击。根据攻击入侵计算机的目的，黑客会进行相关操作，从而深入攻击和渗透计算机系统。在完成相应的计算机攻击入侵后，黑客还会在计算机中植入和留下木马，并对计算机账号进行克隆，从而实现后续对计算机的控制，同时还能够消除其攻击和入侵的痕迹，减少被发现的可能。

（三）拒绝服务攻击

如果常规方式不能对目标计算机系统和网络进行侵入和攻击时，黑客还经常会采用拒绝服务攻击方式侵入计算机中，通过攻击计算机主机，使计算机用户无法正常访问多种程序或是网络。此类计算机入侵攻击方式，一般会选择消耗和占用计算机带宽资源来使计算机用户不得不请求中断网络数据。如今，常见的拒绝服务攻击类型有 Finger 炸弹等，这些拒绝服务攻击会严重影响到计算机用户的正常使用，并在攻击中不断窃取计算机用户的数据信息。在计算机网络安全领域，拒绝服务攻击难以防范，拒绝服务的主要控制者往往会控制成千上万台代理机，遍布整个网络，这无形之中增加了防御的难度。因此，在当前计算机安全领域中，拒绝服务防御是比较重要的研究内容。

（四）缓冲区溢出攻击

在计算机网络发展中，缓冲区溢出攻击主要是通过远程计算机网络攻击的方式来获得计算机本地系统权限，以此来达到执行计算机任意操作或任意命令的目的。黑客可以借助缓冲区溢出对计算机进行入侵攻击，能够通过计算机漏洞篡改和窃取计算机数据信息，并通过对相关信息的篡改来提高黑客的使用权限，从而加深对计算机的攻击和破坏。同时，利用缓冲区溢出攻击，黑客能够拷贝计算机中的数据资料，任意执行操作等，并能够毁灭操作的证据。缓冲区溢出攻击的主要目的与目标是干扰程序运行的功能，在控制计算机主机的同时，导致程序失效、系统无法工作等后果。

（五）网络监听手段

除上述入侵与攻击手段外，黑客能够利用网络监听的形式与手段获取计算机用户的指令口令和计算机的相关数据信息。在计算机的运行过程中，如果要与互联网连接，一般要配备网卡设备，而且为每台计算机分配唯一的 IP 地址。在同一局域网络数据传输过程中，以太网数据包头会包含主机的 IP 地址，在所有接收数据的计算机主机中，只有当数据包地址与本身地址一致时才可以对数据包中的数据信息进行接收。通常情况下，网络监听就是借助该原理将监听程序设置在路由器、网关或防火墙等地点，同时将网络界面调整为监听模式，此时黑客就能够对网络主机进行入侵，并掌握同一局域网段主机传输的相关信息。

三、计算机网络入侵防御技术

（一）防火墙技术

防火墙是计算机中的一个重要防御体系，需要对其进行完整配置，并采用适当的加密技术，借助合适的动态入侵技术和防火墙技术，将具有不良信息的用户或是数据包进行阻拦。同时借助多种防御组合方式来构建计算机安全防护体系。从实际的应用效果而言，防火墙技术的主要功能是拦截和拒绝，能够在很大程度上保护计算机与网络安全，控制黑客对计算机的入侵与恶意访问，防止网络病毒入侵。

（二）入侵防范系统 IPS

在计算机网络发展过程中，计算机病毒木马处于不断更新之中，这大大提高了黑客攻击与入侵水平，此时传统计算机防火墙以及普通检测技术已经逐渐不能很好地针对新型计算机病毒和木马，黑客会利用新型入侵与攻击技术对计算机的弱点进行扫描与利用，并加大对计算机的破坏。因此，引进全新的计算机防御技术已经成为一个迫在眉睫的问题。入侵防范系统 IPS 能够对计算机进行实时动态监测，能够通过分析计算机工作日志与网络带宽数据流量及时发现不良数据包信息和恶意用户，并进行报警，联合计算机防火墙防止入侵与攻击的发生。在计算机网络中，IPS 主要分布在数据的出入口位置，其有别于计算机防火墙过滤技术，IPS 会主动采取措施截断不良数据信息传输与恶意攻击入侵行为。

（三）网络病毒检测防御系统

网络病毒检测防御系统是更加智能化的防火墙系统，其包括了计算机病毒检测与防御、恶意网站过滤与管理、恶意攻击入侵防御等功能，是企业级的网络防御系统。黑客能够利用扫描工具对计算机漏洞进行利用，并在此基

础上实现对计算机主机的控制。而网络病毒检测系统能够对网络病毒木马攻击入侵行为进行全面监视，并在攻击入侵时进行大规模提示预警，并做好初步的计算机防御工作，为网络管理员处理和解决病毒提供帮助，降低网络攻击入侵行为带来的损失。同时，网络病毒检测防御系统能够提供较为详细的网络病毒木马信息数据，并加以记录，使管理人员压力得到缓解。

（四）访问控制技术

通常情况下，系统管理员可以借助计算机访问控制技术来实现对用户计算机数据信息的控制访问。实际上，访问控制技术涵盖了主体、客体和授权访问三大部分，其中主体包括计算机终端、用户或用户群、主机应用等，客体包括字节、字段等。授权访问是指用户在使用计算机时被提前限定的访问权限。当黑客攻击并破坏计算机系统后，可以以单一计算机系统为跳板，继续对下一个计算机系统进行攻击。而当黑客控制多个节点后，就能够控制局域网络内的所有计算机或是服务器。而访问控制则能够阻止这一事件的发生，当黑客攻击破坏一个计算机系统后，访问控制技术能够防止黑客继续对下一个计算机进行访问和攻击，从而减少信息泄露的危害。

（五）数据备份

在计算机的使用中，用户需要定期对计算机内的数据信息进行备份。计算机的数据在传输过程中，每时每刻都有可能发生故障，而定期进行数据备份，则能够防止计算机遭受攻击入侵而出现数据丢失的情况。因此，计算机用户养成定期对计算机数据信息进行备份的习惯，能够有效地减少计算机遭受入侵攻击时受到的损失。

第三节　网络后门

从早期的计算机入侵者开始，他们就努力发展能使自己重返被入侵系统

的技术或后门。大多数入侵者设置后门用来实现以下目的：即使管理员改变密码仍然能再次侵入，并且再次侵入时被发现的可能性降至最低。大多数后门是设法躲过日志记录，这样即使入侵者正在使用系统，也无法显示其已在线。有时如果入侵者认为管理员可能会检测到已经安装的后门，他们会以系统的脆弱性作为唯一后门，反复攻破机器。这里讨论的后门都是假设入侵的黑客已经成功地取得了系统权限后的行动。

一、Rhosts++后门

在联网的 UNIX 机器中，像 Rsh 和 Rlogin 这样的服务是基于 rhosts 文件里的主机名使用简单的认证方法，用户可以轻易地改变设置而不需口令就能进入。入侵者只要向可以访问的某用户的 rhosts 文件中输入"++"，就可以允许任何人从任何地方无须口令进入这个账号。特别当 home 目录通过 NFS 向外共享时，入侵者更热衷于这样做，这些账号也成了入侵者再次侵入的后门。许多人更喜欢使用 Rsh，因为它通常缺少日志记录能力。因为许多管理员经常检查"++"，所以入侵者实际上会多设置来自网上的另一个账号的主机名和用户名，从而不易被发现。

二、校验和及时间戳后门

早期许多入侵者用自己的"特洛伊木马"程序替代二进制文件。系统管理员便依靠时间戳和系统校验和程序辨别一个二进制文件是否已被改变，如 UNIX 的 Sum 程序。为此入侵者发展了使特洛伊木马文件和源文件时间戳同步的新技术。它是这样实现的：先将系统时钟拨回到原文件时间，然后调整特洛伊木马文件的时间为系统时间，一旦二进制特洛伊木马文件与原来的时间精确同步，就可以把系统时间设回当前时间。Sum 程序是基于 CRC 校验，很容易被骗过。入侵者设计出了可以将特洛伊木马的校验和调整到源文件校验值的程序，MD5 是被大多数人推荐使用的。

三、Login后门

UNIX 里 Login 程序通常用来对 Telnet 的用户进行口令验证。入侵者获取 Login 的源代码并修改，使它在比较输入口令与存储口令时先检查后门口令。如果用户敲入后门口令，它将忽视管理员设置的口令，这将允许入侵者进入任何账号，甚至是 Root 账号。由于后门口令是在用户真实登录并被日志记录到 UTMP 和 WTMP 前产生的一个访问，所以入侵者可以登录获取 Shell 却不会暴露该账号。管理员注意到这种后门后，便用"strings"命令搜索 Login 程序以寻找文本信息。许多情况下后门口令会原形毕露，入侵者又会开始加密或者更好地隐藏口令，使 strings 命令失效，所以许多管理员是利用 MD5 来校验和检测这种后门的。

四、服务后门

几乎所有的网络服务都曾被入侵者做过后门。有的只是连接到某个 TCP 端口的 Shell，通过后门口令就能获取访问。管理员应该注意哪些服务正在运行，并用 MD5 对原服务程序做校验。

五、库后门

几乎所有的 UNIX 系统都使用共享库。一些入侵者在 crypt.c 和_crypt.c 这些函数里做了后门。像 Login 这样的程序调用了 crypt（）函数，当使用后门口令时会产生一个 Shell。因此，即使管理员用 MD5 检查 Login 程序，仍然可能存在一个后门函数，而且许多管理员并不会检查库是否被做了后门。对于许多入侵者来说有一个问题：一些管理员对所有东西都做了 MD5 校验，那么有一种办法就是入侵者对 open（）和文件访问函数做后门，这样后门函数读源文件但执行特洛伊木马后门程序。所以当 MD5 读这些文件时，校验和一切正常，但当系统运行时将执行特洛伊木马版本，这样就使得即使特洛伊木马库本身也可躲过 MD5 校验。对于管理员来说有一种方法可以找到后

门，就是静态链接 MD5 校验程序然后运行，因为静态链接程序不会使用特洛伊木马共享库。

六、内核后门

内核是 UNIX 工作的核心。使库躲过 MD5 校验的方法同样适用于内核级别，甚至静态链接都不能识别。一个后门做得很好的内核是很难被管理员查找的，幸运的是现在内核的后门程序还不是随手可得。

七、网络通行后门

入侵者不仅想隐匿在系统里的痕迹，而且也要隐匿他们的网络通行后门。这些网络通行后门有时允许入侵者通过防火墙进行访问，有许多网络后门程序允许入侵者建立某个端口号并且不通过普通服务就能实现访问。因为这是通过非标准网络端口的通行，管理员可能忽视入侵者的踪迹。这种后门通常使用 TCP、UDP 和 ICMP，但也可能是其他类型报文。

八、TCP Shell后门

入侵者可能在防火墙没有阻塞的高位 TCP 端口建立这些 TCP Shell 后门。许多情况下，他们用口令进行保护，以免管理员连接后立即看到的是 Shell 访问。这时管理员可以用 Netstat 命令查看当前的连接状态，哪些端口在侦听以及目前连接的来龙去脉。TCP Shell 后门可以让入侵者躲过 TCP Wrapper 技术。

九、UDP Shell后门

管理员经常注意 TCP 连接并观察其怪异情况，而 UDP Shell 后门没有这样的连接，所以 Netstat 不能显示入侵者的访问痕迹。许多防火墙设置成允许类似 DNS 的 UDP 报文通行，但通常入侵者将 UDP Shell 放置在这个端口，允许穿越防火墙。

十、ICMP Shell后门

Ping 是通过发送和接收 ICMP 包检测机器活动状态的通用办法之一。许多防火墙允许外界 Ping 它内部的机器，这样入侵者可以将数据放入 Ping 的 ICMP 包中，在 Ping 的机器间形成一个 Shell 通道。管理员也许会注意到 Ping 包，但除非他查看包内数据，否则入侵者不会暴露。

第四节　恶意代码

一、恶意代码的概念和种类

（一）恶意代码的概念

恶意代码也称恶意软件，它是一种程序，是能够在信息系统上执行非授权进程的代码。恶意代码具有各种各样的形态，能够引起计算机不同程度的故障，破坏计算机的正常运行。恶意代码具有如下特征：恶意的目的、本身是程序、通过执行发生作用。有些恶作剧程序或者游戏程序也被看作是恶意代码。早期的恶意代码主要是指计算机病毒，但目前，蠕虫、特洛伊木马等其他形式的恶意代码日益增多。这些恶意代码通常具有不同的传播、加载和触发机制，并且有逐渐融合的趋势。当前，手机病毒已成为移动互联网的巨大隐患，以特定目标为攻击对象的高级持续性威胁攻击方兴未艾。

（二）恶意代码的种类

1. 计算机病毒

计算机病毒，是指编制或者在计算机程序中插入的破坏计算机功能或者

毁坏数据，并能自我复制的一组计算机指令或者程序代码。破坏性和传染性是计算机病毒最重要的两大特征。

2. 特洛伊木马

特洛伊木马可以伪装成其他类的程序。它看起来像是正常程序，一旦被执行，将进行某些隐蔽的操作。特洛伊木马具有隐蔽性和非授权性的特点。隐蔽性是指木马的设计者为了防止木马被发现，会采用多种手段隐藏木马。非授权性是指这个未经授权的程序提供了一些用户不知道的（也常常是不希望实现的）功能，如窃取口令、远程控制、键盘记录、破坏和下载等。

3. 下载者木马

下载者木马程序通过下载其他病毒来间接对系统产生安全威胁，此类木马程序通常体积较小，并辅以诱惑性的名称和图标诱骗用户使用。

4. 根工具箱

根工具箱是内核套件，是一个远程访问工具。攻击者可以使用根工具箱隐藏入侵活动痕迹，保留 ROOT 访问权限，还能在操作系统中隐藏恶意程序。根工具箱通过加载特殊的驱动，修改系统内核，达到隐藏信息的目的。

5. 逻辑炸弹

逻辑炸弹是一种只有当特定事件出现才进行破坏的程序，如某一时刻（一个时间炸弹），或者是某些运算的结果。逻辑炸弹在不具备触发条件的情况下深藏不露，系统运行情况良好，用户也感觉不到异常。但当触发条件一旦被满足，逻辑炸弹就会"爆炸"。病毒具有传染性，而逻辑炸弹是没有传染性的。

6. 网络蠕虫

网络蠕虫能够利用网络漏洞进行自我传播，是不需要用户干预即可触发执行的破坏性程序或代码，它通过不断搜索和侵入具有漏洞的主机来自动传

播，不需要借助其他宿主。如红色代码、冲击波、震荡波和极速波等。

7. 肉机

肉机也被称为肉鸡、僵尸机，是指被其他计算机秘密控制的计算机。僵尸网络几乎可以感染任何直接或无线连接到互联网的设备。个人电脑、移动设备、数字视频录像机、智能手表、安全摄像头和智能厨房电器都可能落入僵尸网络。

8. 恶意广告软件

恶意广告软件是一种嵌入在应用程序中的广告软件。程序运行时，会显示一则广告。广告软件与恶意软件相似，因为它利用广告使电脑感染恶意程序。弹出窗口持续出现在用户工作的屏幕上。通常恶意广告软件通过从因特网下载的免费软件程序和实用程序进入用户的系统。

9. 恐吓软件

恐吓软件的主要目的是在用户或受害者中制造担忧，诱使他们下载或购买不相关的软件。例如，当用户在网上浏览时，屏幕上弹出一个广告，警告该计算机感染了几十种病毒，需要下载或购买杀毒软件来删除它们。

10. 勒索软件

勒索软件即攻击者限制用户对系统的访问，然后要求在线支付一定数量的比特币，才能够解除该限制。勒索软件会对受害者系统上的一些重要文件进行加密，并要求支付一定的费用来解密这些文件。

11. 后门

后门指一类能够绕开正常的安全控制机制，从而为攻击者提供访问途径的恶意代码。攻击者可以通过使用后门工具对目标主机进行完全控制。后门攻击是指绕过传统的计算系统入口，创建一个新的隐藏入口来规避安全策略。在此攻击中，攻击者安装密钥记录软件或任何其他软件，并通过这些软

件访问受害者的系统。

二、恶意代码的威胁

恶意代码是指一切破坏计算机可靠性、机密性、安全性和数据完整性的代码。恶意应用即表现出恶意行为的应用，是指在用户不知情或未授权等未完全知晓其功能的情况下，在移动终端安装或运行可执行文件、代码模块等用于不正当用途的应用。

恶意代码对应用软件的威胁，主要在于将恶意代码注入应用软件后，会形成含有恶意代码的恶意应用，主要用于获取不正当的经济利益。恶意应用主要分为以下几种。

（一）恶意扣费

隐瞒执行或欺骗用户点击，使用户经济遭受损失。例如，自动订购移动增值业务等。

（二）资费消耗

导致用户资费产生损失。例如，自动拨打电话、发送短信及自动连接蜂窝数据消耗流量等。

（三）隐私窃取

隐瞒用户，窃取用户个人的数据信息。例如，获取通信录内容、地理信息、账号及密码等。

（四）诱骗欺诈

伪造篡改通信录信息、收藏夹等数据，冒充运营商、金融机构等欺骗用户，以此达到不正当目的等。

（五）远程控制

在隐瞒用户或未得到用户允许的情况下，由控制端主动发出指令远程控制用户端，或强迫用户端主动向控制端请求指令等。

（六）恶意传播

在用户不知情的情况下发送含有恶意代码或链接的短信；利用远程红外、蓝牙、无线网络技术等传播恶意代码；自动向 SD 卡复制恶意代码；自动下载恶意代码，感染用户其他正常文件等。

（七）系统破坏

通过篡改、感染、劫持、删除或终止进程等方式导致移动终端的正常功能或文件信息不能使用；干扰、阻断或破坏移动通信网络服务或使合法业务不能正常运行，如导致电池电量非正常消耗等。

（八）流氓行为

在未得到用户许可的情况下，自动捆绑安装插件，添加、修改、删除收藏夹信息、快捷方式或弹出广告；强行驻留系统内存；额外大量占用 CPU 处理计算资源；无法正常退出、卸载、删除软件等。

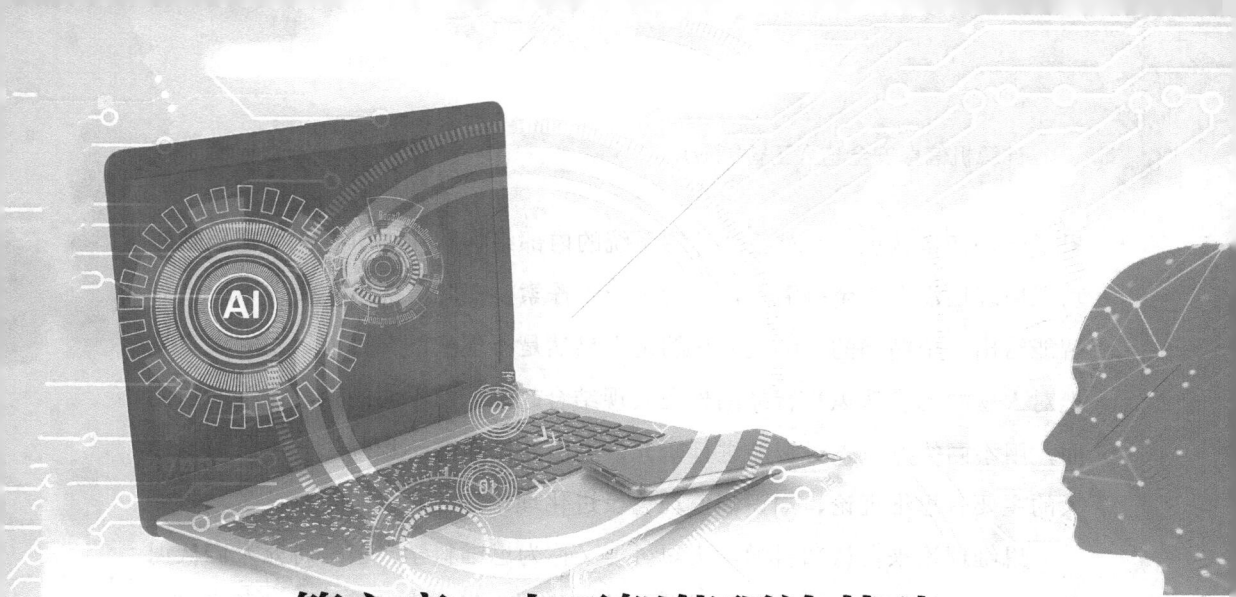

第六章　人工智能理论基础

第一节　人工智能概述

人工智能（Artificial Intelligence，AI）是当前科学技术发展中的一门前沿学科，同时也是一门新思想、新观念、新理论、新技术不断涌现的新兴学科，并且是正在迅速发展的学科。它是在计算机科学、控制论、信息论、神经心理学、哲学、语言学等多种学科研究的基础上发展起来的，因此又可把它看作是一门综合性的边缘学科。它的出现及所取得的成就引起了人们的高度重视，并得到了很高的评价。

一、智能

什么是智能？智能的本质是什么？这是古今中外许多哲学家、脑科学家一直在努力探索和研究的问题，但至今仍然没有完全解决，以致被列为自然界四大奥秘（物质的本质、宇宙的起源、生命的本质、智能的发生）之一。近些年来，随着脑科学、神经心理学等研究的进展，对人脑的结构和功能积累了一些初步认识，但对整个神经系统的内部结构和作用机制，特别是脑的功能原理还没有完全搞清楚，有待进一步探索。在此情况下，要从本质上对智能给出一个精确的、可被公认的定义显然是不现实的。目前，人们大多是把对人脑的已有认识与智能的外在表现结合起来，从不同的角度、不同的侧面，用不同的方法来对智能进行研究，提出的观点亦不相同。其中，影响较大的主要有思维理论、知识阈值理论及进化理论等。

思维理论来自认知科学。认知科学又称为思维科学，它是研究人们认识客观世界的规律和方法的一门科学，其目的在于揭开大脑思维功能的奥秘。该理论认为智能的核心是思维，人的一切智慧或智能都来自大脑的思维活动，人类的一切知识都是人们思维的产物，因而通过对思维规律与方法的研究可望揭示智能的本质。

知识阈值理论着重强调知识对于智能的重要意义和作用，认为智能行为取决于知识的数量及其一般化的程度，一个系统之所以有智能是因为它具有可运用的知识。在此认识的基础上，它把智能定义为：智能就是在巨大的搜索空间中迅速找到一个满意解的能力。这一理论在人工智能的发展史中有着重要的影响，知识工程、专家系统等都是在这一理论的影响下发展起来的。

进化理论是由美国麻省理工学院（Massachusetts Institute of Technology, MIT）的布鲁克教授提出来的。1991 年他提出了"没有表达的智能"，1992 年又提出了"没有推理的智能"，这是他根据自己对人造机器动物的研究与实践提出的与众不同的观点。该理论认为人的本质能力是在动态环境中的行走能力、对外界事物的感知能力、维持生命和繁衍生息的能力，正是这些能力为智能的发展提供了基础，因此智能是某种复杂系统所涌现的性质。它是由许多部件交互作用产生的，智能仅仅由系统总的行为以及行为与环境的联系所决定，它可以在没有明显的可操作的内部表达的情况下产生，也可以在没有明显的推理系统出现的情况下产生。该理论的核心是用控制取代表示，从而取消概念、模型及显式表示的知识，否定抽象对于智能及智能模拟的必要性，强调分层结构对于智能进化的可能性与必要性。目前这一观点尚未形

成完整的理论体系，有待进一步研究，但由于它与人们的传统看法完全不同，因而引起了人工智能界的注意。

综合上述各种观点，可以认为智能是知识与智力的总和。其中，知识是一切智能行为的基础，而智力是获取知识并运用知识求解问题的能力，即在任意给定的环境和目标的条件下，正确制定决策和实现目标的能力，它来自人脑的思维活动。具体地说，智能具有下述特征。

（一）有感知能力

感知能力是指人们通过视觉、听觉、触觉、味觉、嗅觉等感觉器官感知外部世界的能力。感知是人类最基本的生理、心理现象，是获取外部信息的基本途径，人类的大部分知识都是通过感知获取有关信息，然后经过大脑加工获得的。可以说，如果没有感知，人们就不可能获得知识，也不可能引发各种各样的智能活动。因此，感知是产生智能活动的前提与必要条件。

人类的各种感知方式所起的作用是不完全一样的。大约80%以上的外界信息是通过视觉得到的，有10%是通过听觉得到的，这表明视觉与听觉在人类感知中占有主导地位。这就提示我们，在人工智能的机器感知方面，主要应加强机器视觉及机器听觉的研究。

（二）具有记忆与思维的能力

记忆与思维是人脑最重要的功能，亦是人们之所以有智能的根本原因所在。记忆用于存储由感觉器官感知到的外部信息以及由思维所产生的知识；思维用于对记忆的信息进行处理，即利用已有的知识对信息进行分析、计算、比较、判断、推理、联想、决策等。思维是一个动态过程，是获取知识以及运用知识求解问题的根本途径。

思维可分为逻辑思维、形象思维以及在潜意识激发下获得灵感而"忽然开窍"的顿悟思维等。其中，逻辑思维与形象思维是两种基本的思维方式。

1. 逻辑思维又称为抽象思维，它是一种根据逻辑规则对信息进行处理的理性思维方式，反映了人们以抽象的、间接的、概括的方式认识客观世界的过程。在此过程中，人们首先通过感觉器官获得对外部事物的感性认识，经过初步概括、知觉定势等形成关于相应事物的信息，存储于大脑中，供逻辑思维进行处理。然后，通过匹配选出相应的逻辑规则，并且作用于已经表示成一定形式的已知信息，进行相应的逻辑推理（演绎）。通常情况下，这种推理都比较复杂，不可能只用一条规则做一次推理就可解决问题，往往要对第一次推出的结果再运用新的规则进行新一轮的推理，等等。至于推理是否会获得成功，这取决于两个因素：一是用于推理的规则是否完备；二是已知的信息是否完善、可靠。如果推理规则是完备的，由感性认识获得的初始信息是完善、可靠的，则由逻辑思维可以得到合理、可靠的结论。逻辑思维具有如下特点：

一是依靠逻辑进行思维；

二是思维过程是串行的，表现为一个线性过程；

三是容易形式化，其思维过程可以用符号串表达出来；

四是思维过程具有严密性、可靠性，能对事物未来的发展给出逻辑上合理的预测，可使人们对事物的认识不断深化。

2. 形象思维又称为直感思维，它是一种以客观现象为思维对象、以感性形象认识为思维材料、以意象为主要思维工具、以指导创造物化形象的实践为主要目的的思维活动。在思维过程中，它有两次飞跃。首先是从感性形象认识到理性形象认识的飞跃，即把对事物的感觉组合起来，形成反映事物多方面属性的整体性认识（即知觉），再在知觉的基础上形成具有一定概括性的感觉反映形式（即表象），然后经形象分析、形象比较、形象概括及组合形成对事物的理性形象认识。思维过程的第二次飞跃是从理性形象认识到实践的飞跃，即对理性形象认识进行联想、想象等加工；在大脑中形成新意象，然后回到实践中，接受实践的检验。这个过程不断循环，就构成了形象思维从低级到高级的运动发展。形象思维具有如下特点：

一是主要是依据直觉，即感觉形象进行思维；

二是思维过程是并行协同式的，表现为一个非线性过程；

三是形式化困难，没有统一的形象联系规则，对象不同、场合不同，形象的联系规则亦不相同，不能直接套用；

四是在信息变形或缺少的情况下仍有可能得到比较满意的结果。

由于逻辑思维与形象思维分别具有不同的特点，因而可分别用于不同的场合。当要求迅速做出决策但不要求十分精确时，可用形象思维，但当要求进行严格的论证时，就必须用逻辑思维；当要对一个问题进行假设、猜想时，需用形象思维，而当要对这些假设或猜想进行论证时，则要用逻辑思维。人们在求解问题时，通常把这两种思维方式结合起来使用，首先用形象思维给出假设，然后再用逻辑思维进行论证。

3. 顿悟思维又称为灵感思维，它是一种显意识与潜意识相互作用的思维方式。在工作及日常生活中，我们都有过这样的体验：当遇到一个问题无法解决时，大脑就会处于一种极为活跃的思维状态，从不同角度用不同方法去寻求问题的解决方法，即所谓的"冥思苦想"。突然间，有一个"想法"从脑中涌现出来，它沟通了解决问题的有关知识，使人"茅塞顿开"，问题迎刃而解。像这样用于沟通有关知识或信息的"想法"通常被称为灵感。灵感也是一种信息，它可能是与问题直接有关的一个重要信息，也可能是一个与问题并不直接相关且不起眼的信息，只是由于它的到来"捅破了一层薄薄的窗纸"，使解决问题的智慧被启动起来。顿悟思维具有如下特点：

一是具有不定期的突发性；

二是具有非线性的独创性及模糊性；

三是它穿插于形象思维与逻辑思维之中，起着突破、创新、升华的作用。它比形象思维更复杂，至今人们还不能确切地描述灵感的具体实现以及它产生的机理。

最后还应该指出的是，人的记忆与思维是不可分的，它们总是相随相伴的，其物质基础都是由神经元组成的大脑皮质，通过相关神经元此起彼伏的

兴奋与抑制实现记忆与思维活动。

（三）具有学习能力及自适应能力

学习是人的本能，每个人都在随时随地学习，既可能是自觉的、有意识的，也可能是不自觉的、无意识的；既可以是有教师指导的，也可以是通过自己的实践进行的。总之，人人都在通过与环境的相互作用，不断地进行着学习，并通过学习积累知识、增长才干，适应环境的变化，充实、完善自己。只是由于各人所处的环境不同、条件不同，学习的效果亦不相同，体现出不同的智能差异。

（四）具有行为能力

人们通常用语言或者某个表情、眼神及形体动作来对外界的刺激做出反应，传达某个信息，这称为行为能力或表达能力。如果把人们的感知能力看作是用于信息的输入，则行为能力就是用作信息的输出，它们都受到神经系统的控制。

二、人工智能

众所周知，世界国际象棋棋王卡斯帕罗夫与美国 IBM 公司的 RS/6000SP（深蓝）计算机系统于 1997 年 5 月 3 日至 5 月 11 日进行了六局的"人机大战"，最终"深蓝"以 3.5 比 2.5 的总比分将卡斯帕罗夫击败，赢得了这场世人瞩目的"人机大战"。

比赛虽然结束了，但留给人们的思考却仍然在继续。我们知道，下棋是一个斗智、斗策的过程，不仅要求参赛者具有超凡的记忆能力、丰富的下棋经验，而且还要有很强的思维能力，能对瞬息万变的情况迅速地做出反应，及时地采取措施进行有效的处理，否则就会造成一着失误而全盘皆输的可悲局面。对于人类来说，这显然是一种智能的表现，但对计算机来说，这又意味着什么？人们自然会问，计算机作为一种电子数字机器，怎么会有类似于

人的智能呢？这正是人工智能这门学科要研究并解决的问题。

顾名思义，所谓人工智能就是用人工的方法在机器（计算机）上实现的智能；或者说是人类智能在机器上的模拟；或者说是人们使机器具有类似于人的智能。由于人工智能是在机器上实现的，因此又可称为机器智能。又由于机器智能是模拟人类智能的，因此又可称它为模拟智能。

现在，"人工智能"这个术语已被用作"研究如何在机器上实现人类智能"这门学科的名称。从这个意义上说，可把它定义为：人工智能是一门研究如何构造智能机器（智能计算机）或智能系统，使它能模拟、延伸、扩展人类智能的学科。通俗地说，人工智能就是要研究如何使机器具有能听、会说、能看、会写、能思维、会学习、能适应环境变化、能解决各种面临的实际问题等功能的学科。总之，它是要使机器能做需要人类智能才能完成的工作，甚至比人更高明。

关于"人工智能"的含义，早在它正式作为一门学科出现之前，就由英国数学家图灵（A.M.Turing）这位超时代的天才提了出来。1950年他发表了题为《计算机与智能》（Computing Machinery and Intelligence）的论文，文章以"机器能思维吗？"开始论述并提出了著名的"图灵测试"，形象地指出了什么是人工智能以及机器应该达到的智能标准，现在许多人仍把它作为衡量机器智能的准则。尽管学术界目前存在着不同的看法，但它对人工智能这门学科的发展所产生的深远影响却是功不可没的。图灵在这篇论文中指出不要问一个机器是否能思维，而是要看它能否通过如下测试：分别让人与机器位于两个房间里，他们可以通话，但彼此都看不到对方，如果通过对话，作为人的一方不能分辨对方是人还是机器，那么就可以认为对方的那台机器达到了人类智能的水平。为了进行这个测试，图灵还用他丰富的想象力设计了一个很有趣且智能性很强的对话内容，称为"图灵的梦想"。在这个对话中，"询问者"代表人，"智者"代表机器，并且假设他们都阅读过狄更斯（C.Dickens）所著的名为《匹克威克外传》的小说。

通过他们的对话可以看出，要使机器达到人类智能的水平，或者正如有些学者所说的那样超过人类智能的水平，该是一件多么艰巨的工作。但是，人工智能的研究正在朝着这个方向前进，图灵的梦想总有一天会变成现实。

若以图灵的标准来衡量本段开始时所提到的"深蓝"计算机，它当然还不是一台智能计算机，连开发该计算机系统的 IBM 专家也承认它离智能计算机还相差甚远，但它毕竟以自己高速运行的计算能力实现了人类智能在机器上的部分模拟，在人工智能的研究道路上迈出了可喜的一步。

三、人工智能的发展简史

"人工智能"是在 1956 年作为一门新兴学科的名称被正式提出的。自此之后，它已取得了惊人的成就，获得了迅速的发展。毫无疑问，现在它已经成为人类科学技术中一门充满生机和希望的前沿学科。

（一）孕育（1956 年之前）

人工智能之所以能取得今日的成就，以一门充满活力且备受世人瞩目的学科屹立于世界高科技之林，这是与几代科学技术工作者长期坚持不懈地努力分不开的，是各有关学科共同发展的结果。

自古以来，人们就一直试图用各种机器来代替人的部分脑力劳动，以提高征服自然的能力。其中对人工智能的产生、发展有重大影响的主要研究及其贡献如下：

第一，早在公元前，伟大的哲学家亚里士多德就在他的名著《工具论》中提出了形式逻辑的一些主要定律，他提出的三段论至今仍是演绎推理的基本依据；

第二，英国哲学家培根曾系统地提出了归纳法，还提出了"知识就是力量"的警句，这对于研究人类的思维过程，以及自 20 世纪 70 年代人工智能转向以知识为中心的研究都产生了重要影响；

第三，德国数学家莱布尼茨提出了万能符号和推理计算的思想，他认为可以建立一种通用的符号语言以及在此符号语言上进行推理的演算。这一思

想不仅为数理逻辑的产生和发展奠定了基础，而且是现代机器思维设计思想的萌芽；

第四，英国逻辑学家布尔创立了布尔代数，他在《思维法则》一书中首次用符号语言描述了思维活动的基本推理法则；

第五，英国数学家图灵对人工智能的贡献在前面已经提及，还值得一提的是他在 1936 年提出了一种理想计算机的数学模型，即图灵机，这为后来电子数字计算机的问世奠定了理论基础；

第六，美国神经生理学家麦克洛奇与匹兹在 1943 年建成了第一个神经网络模型（M-P 模型），开创了微观人工智能的研究工作，为后来人工神经网络的研究奠定了基础；

第七，美国数学家莫克利和埃柯特在 1946 年研制出了世界上第一台电子数字计算机 ENIAC，这项划时代的研究成果为人工智能的研究奠定了物质基础。

由上面的叙述不难看出，人工智能的产生和发展绝不是偶然的，它是科学技术发展的必然产物，是历史赋予科学工作者的一项光荣而艰巨的使命，客观上的条件已经基本具备，何时出现只是时间以及由谁来领头倡导的问题了。

（二）发展（1970 年以后）

进入 20 世纪 70 年代后，人工智能的研究已不仅仅局限于少数几个国家，许多国家都相继开展了这方面的研究工作，研究成果大量涌现。例如 1972 年法国马赛大学的科麦瑞尔提出并实现了逻辑程序设计语言 PROLOG；斯坦福大学的肖特里菲等人从 1972 年开始研制用于诊断和治疗感染性疾病的专家系统 MYCIN。更值得一提的是，1970 年创刊了国际性的人工智能杂志，它对推动人工智能的发展，促进研究者们的交流起到了重要作用。

但是，前进的道路并不是平坦的，对于一个刚刚问世 10 多年的新兴学科来说更是这样。正当研究者们在已有成就的基础上向更高标准攀登的时候，困难与问题也接踵而来。例如，塞缪尔的下棋程序与世界冠军对弈时，五局中败了四局。机器翻译中也出了不少问题，当时人们总以为只要用一部双向词典及一些词法知识就可以实现两种语言文字间的互译，结果发现远非这么简单。

然而，人工智能研究的先驱者们在困难和挫折面前并没有退缩，没有动摇他们继续进行研究的决心。经过认真地反思、总结前一段研究的经验及教训，费根鲍姆关于以知识为中心开展人工智能研究的观点被大多数人接受。从此人工智能的研究又迎来了蓬勃发展的新时期，即以知识为中心的时期。

自人工智能从对一般思维规律的探讨转向以知识为中心的研究以来，专家系统的研究在多个领域中取得了重大突破，各种不同功能、不同类型的专家系统如雨后春笋般地建立起来，产生了巨大的经济效益及社会效益，令人刮目相看。

专家系统的成功，使人们越来越清楚地认识到知识是智能的基础，对人工智能的研究必须以知识为中心来进行。由于对知识的表示、利用、获取等的研究取得了较大的进展，特别是对不确定性知识的表示与推理取得了突破，建立了主观 Bayes 理论、确定性理论、证据理论、可能性理论等，这就对人工智能中其他领域（如模式识别、自然语言理解等）的发展提供了支持，解决了许多理论及技术上的问题。

第二节　人工智能的目标及内容

一、人工智能的研究目标

在 MIT 最近发布的新作" Artificial Intelligence at MIT.Expanding Frontiers"中，明确阐述了人工智能的研究方向："其核心目标是赋予计算机更多的智能，一方面是让它们变得更加实用，另一方面是深入理解实现智能

的基本原理。"很明显，人工智能研究旨在开发能够实现人类智能的智能计算机或智能系统。其目标都是"让计算机变得更加智能"，为了达到这一愿景，我们必须深入研究使智能成为可能的原理。

开发出与图灵预期相匹配的智能设备，不仅可以模拟，还能进一步扩展和深化人类的智慧，这正是人工智能研究的核心追求。为了达到这一目标，我们需要深入理解使智能成为现实的基本原理，并确保相关的硬件和软件能够紧密协同工作。这涉及脑科学、认知科学、计算机科学、系统科学、控制论和微电子学等多个学科，并依赖于这些学科的共同进步。然而，目前这些学科的进展尚未满足预定的标准。考虑到当前使用的计算机系统，它的架构是集中的，工作模式是串行的，基础组件是二态逻辑，并且硬连接的硬件和软件是分开的，这与人类智能中的分布式体系结构、串行和并行共存、以并行为主的工作方式、非确定性的多态逻辑等不适应。正如图灵奖得主威尔克斯在近期对人工智能研究历史和前景的评述中指出：在图灵的定义下，智能行为已经超越了电子数字计算机的处理能力。从这一点可以明显观察到，像图灵所希望的那样的智能设备在现阶段依然是难以达成的。因此，构建智能计算机可以被视为人工智能研究的长远目标。

人工智能研究的短期目标是让现有的电子数字计算机变得更智能、更实用，不仅能处理一般的数值计算和非数值信息，还能利用知识处理问题，模拟人类的部分智能行为。为了实现这个目标，我们需要根据当前计算机的特性来研究和实现智能相关的理论、技术和方法，并建立相应的智能系统，例如目前正在研究和开发的专家系统、机器翻译系统、模式识别系统、机器学习系统、机器人等。

人工智能研究的长远目标和短期目标是相互补充的。远期目标为近期目标提供了明确的方向，而对近期目标的深入研究则为远期目标的最终达成奠定了坚实的基础，并在理论和技术方面做了充分的准备。此外，近期目标的研究成果不仅有助于现代社会的福祉，还能进一步提升人们对于实现长期目标的信念，并消除他们的疑虑。人工智能的创始者麦卡锡曾经警告说："我

们现在正面临一个被众人视为魔术师的情境，这种风险是我们不能轻视的。"这可能也是为了突出短期研究目标的关键性，并期望通过更多的研究数据来证实人工智能是完全可行的，而非仅仅是一个虚构的概念。

值得一提的是，短期目标和长期目标之间并没有明确的分界。随着人工智能领域研究的持续深化和拓展，短期目标也在不断地调整，逐渐接近长期目标。近几年在人工智能多个方面所实现的突破充分证实了这一趋势。

二、人工智能研究的基本内容

在人工智能研究领域，存在众多的学术流派，如麦卡锡和尼尔逊所代表的逻辑学派，他们专注于基于逻辑的知识呈现和推断机制的研究；代表着认知学派的纽厄尔和西蒙致力于模拟人类的认知功能，并努力探寻智能行为产生的根本原因；费根鲍姆是知识工程学派的代表人物，该学派专注于研究知识在人类智力发展中的角色和地位，并提出了知识工程这一新概念；麦克莱伦德和鲁梅尔哈特是连接学派的代表，该学派专注于神经网络的研究；以贺威特为首的分布式学派专注于多智能系统中的知识和行为研究，而布鲁克则是进化论学派的代表人物。各个学派在研究的主题和方法上都存在差异。此外，人工智能领域内存在多个研究方向，而这些方向上的研究焦点也各不相同。此外，随着人工智能进入不同的发展时期，研究的焦点也会有所变化，那些原本应被视为研究焦点的议题，一旦在理论和技术上都得到妥善处理，便不再被视为研究的核心内容。因此，我们仅能在一个较广泛的领域内探讨人工智能的核心研究议题。考虑到人工智能的长远发展目标，我们主张人工智能的核心研究应涵盖以下几个关键领域。

（一）机器感知

所谓机器感知就是使机器（计算机）具有类似于人的感知能力，其中以机器视觉与机器听觉为主。机器视觉是让机器能够识别并理解文字、图像、景物等；机器听觉是让机器能识别并理解语言、声响等。

机器感知是机器获取外部信息的基本途径，是使机器具有智能不可缺少的组成部分，正如人的智能离不开感知一样，为了使机器具有感知能力，就需要为它配置能"听"、会"看"的感觉器官，对此人工智能中已经形成了两个专门的研究领域，即模式识别与自然语言理解。

（二）机器思维

所谓机器思维是指对通过感知得来的外部信息及机器内部的各种工作信息进行有目的的处理。正像人的智能是来自大脑的思维活动一样，机器智能也主要是通过机器思维实现的。因此，机器思维是人工智能研究中最重要、最关键的部分。为了使机器能模拟人类的思维活动，使它能像人那样既可以进行逻辑思维，又可以进行形象思维，需要开展以下几方面的研究工作：

一是知识的表示，特别是各种不精确、不完全知识的表示；

二是知识的组织、累积、管理技术；

三是知识的推理，特别是各种不精确推理、归纳推理、非单调推理、定性推理等；

四是各种启发式搜索及控制策略；

五是神经网络、人脑的结构及其工作原理。

（三）机器学习

人类具有获取新知识、学习新技巧，并在实践中不断完善、改进的能力，机器学习就是要使计算机具有这种能力，使它能自动地获取知识，能直接向书本学习，能通过与人谈话学习，能通过对环境的观察学习，并在实践中实现自我完善，克服人们在学习中存在的局限性，例如容易忘记、效率低以及注意力分散等。

（四）机器行为

与人的行为能力相对应，机器行为主要是指计算机的表达能力，即"说"

"写""画"等。对于智能机器人，它还应具有人的四肢功能，即能走路、能取物、能操作等。

（五）智能系统及智能计算机的构造技术

为了实现人工智能的近期目标及远期目标，就要建立智能系统及智能机器，为此需要开展对模型、系统分析与构造技术、建造工具及语言等的研究。

第三节　人工智能的研究途径及领域

一、人工智能的研究途径

自从人工智能作为一个独立的学科被提出，关于其研究方法主要存在两种截然不同的看法。有一种观点主张采用生物学手段来探究，以深入了解人类智能的根本性质；还有一种观点强调，通过采用计算机科学的研究手段，我们可以在计算机上模拟人类的智能行为。前者被命名为以网络连接为核心的连接策略，而后者则是以符号处理技术为中心的策略。

（一）以符号处理为核心的方法

以符号处理为核心的方法又称为自上而下方法或符号主义。这个方法最早出现在 20 世纪 50 年代中期，最初是在纽厄尔和西蒙等学者研究的 GPS 通用问题解决系统中提出的。它旨在模拟人类解决问题的心理过程，并逐步发展成为一个物理符号系统。那些坚持使用这种方法的人相信，人工智能的主要研究方向是机器智能的实现。而计算机本身就拥有符号处理和运算的能力，这种能力本质上包含了演绎推理的元素。因此，通过运行相应的程序系统，可以展现出一种基于逻辑思维的智能行为，从而模拟人类的智能活动。目前，人工智能领域的大多数研究成果都是基于这一特定方法来实现的。鉴

于这种方法的中心思想是符号处理，所以人们通常称其为以符号处理为中心的策略或符号主义。

该方法的主要特征如下：

一是立足于逻辑运算和符号操作，适合于模拟人的逻辑思维过程，解决需要进行逻辑推理的复杂问题；

二是知识可用显式的符号表示，在已知基本规则的情况下，无须输入大量的细节知识；

三是便于模块化，当个别事实发生变化时易于修改；

四是能与传统的符号数据库进行链接；

五是可对推理结论做出解释，便于对各种可能性进行选择。

然而，解决问题时，人们不仅仅依赖逻辑推断，有时候非逻辑推断在整个问题解决过程中发挥着更为关键，甚至可能是决定性的作用。人类的感知过程主要依赖于形象化的思维方式，这是逻辑推断无法实现的，因此不能通过符号方法来模拟。此外，在用符号来描述概念的过程中，其有效性在很大程度上依赖于符号表示的准确性。当相关信息被转化为推理机构能够处理的符号时，可能会遗失一些关键信息，这使得处理含有噪声或不完整信息变得困难。这意味着仅仅依赖符号方法来处理智能领域的所有难题是行不通的。

（二）以网络连接为主的连接机制方法

近年来，以网络连接为核心的连接机制方法受到了广泛关注，这种方法属于非符号处理领域。受到人脑神经元及其相互连接形成网络的启示，研究者试图通过多个人工神经元之间的并行协作来模拟人类的智能行为。这一策略也被称作自底向上的方法或者连接主义。那些坚持这一观点的人坚信，大脑构成了人类所有智能活动的核心。因此，他们从大脑神经元及其相互连接的机制入手，深入研究大脑的构造以及其信息处理的具体流程和原理，期望能够揭开人类智能的神秘面纱，并在机器上真实地模拟人类的智能行为。

该方法的主要特征如下：

一是通过神经元之间的并行协同作用实现信息处理，处理过程具有并行性、动态性、全局性；

二是通过神经元间分布式的物理联系存储知识及信息，因而可以实现联想功能，对于带有噪声、缺损、变形的信息能进行有效处理，取得比较满意的结果。例如用该方法进行图像识别时，即使图像发生了畸变，也能进行正确识别。该方法在模式识别、图像信息压缩等方面都取得了一些研究成果；

三是通过神经元间连接强度的动态调整来实现对人类学习、分类等的模拟；

四是适合于模拟人类的形象思维过程；

五是求解问题时，可以比较快地求得一个近似解。

但是，这种方法不适合模拟人们的逻辑思维过程，而且就神经网络的研究现状来看，由固定的体系结构与组成方案所构成的系统还达不到开发多种多样知识的要求，因此单靠连接机制方法来解决人工智能中的全部问题也是不现实的。

（三）系统集成

从之前的讨论中，我们可以明显观察到，符号方法和连接机制方法都有其独特的优势和局限性。符号方法擅长模拟人的逻辑思维过程，在解决问题时，如果问题是有解的，它可以准确地找到最优解，但是在求解过程中，计算量会随着问题的复杂性增加而指数级增加；此外，符号方法强调知识和信息都应通过符号来表达，但这种形式化的操作需要人来完成，因为它本身并不具备这样的功能。连接机制方法擅长模拟人的形象思维过程，在解决问题时，由于它可以并行处理，因此可以较快地得到解，但是解通常是近似的、次优的；此外，使用连接机制方法来解决问题的步骤是隐式的，因此很难给出明确的解释。在这样的背景下，如果我们能够融合这两者，那么就有可能发挥各自的优点并弥补不足。另外，从人的思考方式来看，逻辑思维和形象思维仅仅是人类智慧中思考模式的两个维度。通常情况下，人们在解决问题

的过程中会采用两种不同的思维模式：一是通过形象化的思考来获得一个直观的答案；二是提出一个假设。然后，他们会运用逻辑思维进行深入的论证和搜索，以最终确定一个最优解。因此，从模仿人类智慧的视角出发，我们也应当考虑将这两者融合在一起。明斯基、西蒙、纽厄尔等人工智能领域的知名学者，在回顾人工智能的发展历程时，都强调了将这两种技术融合的必要性，纽厄尔还呼吁建立一个集成智能系统。显然，将这两种技术融合进行全面研究，无疑是模拟智能领域研究的关键路径。

显然，鉴于这两种策略之间的众多差异，要将它们融合在一起面临着众多的挑战和难题。目前，无论是国内还是国外的学者，都在进行相关的研究活动。例如，MCC 公司的人工智能实验室在里奇的指导下，已经开始了一个用于过程控制的集成系统的建设研究，并已经取得了显著的成果。

根据现有的研究，结合两种方法的主要途径有两种：一种是结合，即两者各自保持原有的结构，但密切合作，任何一方都可以将自身无法解决的问题转移到另一方；另外一种方法是将这两者融合为一个统一的系统，它既具备逻辑思考的能力，也拥有形象思考的特性。

所谓的"黑盒/细线"结构（Black-box/thin-wire）是最直接的结合方式。每个盒子可以是一个符号处理系统，也可以是一个人工神经网络。盒子与盒子之间是通过一个带宽非常有限的"细线"信道进行沟通的，但双方都对对方的内部状况一无所知。除了这一特定的结构设计，现在还存在其他的混合体系结构，例如黑盒模块化、并行的管理与控制、神经网络的符号表示机制、获取符号信息的神经网络方法以及双元制的架构等。在双元制的结构中，大部分的知识都是通过人工神经网络和符号来表示的，每一部分都是基于其独特的推理机制运作的。当需要的时候，可以从其中一个形式中提取知识，并将其转化为另一个形式。因此，尽管知识以两种方式呈现，但其核心是共享的。

史密斯为 Eaton 公司设计的汽车紧急刹车平衡系统被视为集成系统中的一个经典示例。该系统由两个以知识为基础的模块和五个神经网络的子系统组成。首先，操作人员需要从平衡分析器手动输入信息和事实数据到一个基于规则的预处理器，然后将这些数据同时输入五个神经网络子系统中。之前的系统将分析器的初始数据以图像形式展示，以供专家进行分析。每一个神经网络子系统都会根据每个图的数据质量来进行分类。最终，这些建议被以符号的方式输入到第二个基于规则的诊断系统中，该系统会对这些判断进行深入分析，并在合适的时机推荐刹车系统进行恢复。

二、人工智能的研究领域

目前，人工智能的研究更多地是结合具体领域进行的，主要研究领域有专家系统、机器学习、模式识别等。

（一）专家系统

在当前的人工智能研究中，专家系统无疑是最具活力和效果的领域之一。自从费根鲍姆等人成功研发了第一个专家系统 DENDRL 以后，该系统已经经历了快速的发展阶段，并在医疗诊断、地质勘查、石油化工、教育和军事等多个领域得到了广泛应用，带来了显著的社会和经济效益。

专家系统是一套以知识为基础的体系，它从人类的专家手中吸取知识，并应用于解决那些仅专家能够处理的复杂问题。因此，我们可以将专家系统定义为：这是一个在特定领域内拥有丰富知识和经验的程序系统，它运用人工智能技术来模拟人类专家解决问题的思维过程，从而解决领域内的各种问题，其效果可以达到甚至超越人类专家的水平。

（二）机器学习

知识构成了智能的根基，为了让计算机变得智能，我们必须赋予它知识，但问题是如何让计算机拥有这些知识？通常存在两种途径：一种是人们将相关知识进行整合和归纳，然后以计算机能够接受和处理的形式将其输入到计算机系统中；另外一种方法是赋予计算机独立的学习能力，使其能够直接从

书籍或教师那里学习，或者在实际操作中不断地总结和吸取经验教训，以实现其持续的优化和完善，这种方法通常被称为机器学习。

作为人工智能研究的一个重要分支，该领域主要关注如何赋予计算机与人类相似的学习能力，以使计算机能够通过学习过程自动地吸收知识和技能，从而达到自我完善的目的。为了实现这个目标，该领域计划从三个不同的角度进行深入研究：一是探究人类学习的基本机制，二是研究不同的学习方法，三是构建一个专门针对特定任务的学习系统。

机器学习被视为一个具有挑战性的研究领域，它与脑科学、神经心理学、计算机视觉和计算机听觉等领域都存在紧密的联系，并依赖于这些学科的共同进步。因此，尽管近年来的研究已经取得了显著的进展，并提出了多种学习方法，但这些方法并没有从根本上解决问题。

（三）模式识别

机器感知不仅是机器智能的一个核心组成部分，也是机器获取外界信息的主要手段。模式识别是一个专注于如何赋予机器感知功能的研究领域，主要集中在视觉和听觉模式的识别方面。

模式描述了一个物体或某些其他感兴趣的实体的数量或结构，而模式类则是指那些具有某些相似特性的模式集合。机器在模式识别方面的核心研究是开发一种自动化技术，利用这一技术，机器能够自动地或者以最小的人为干预将模式分配到各自的模式类别中。

传统上，模式识别主要分为两大类：统计模式识别和结构模式识别。模糊数学和人工神经网络技术在近几年的快速发展中，已经在模式识别领域得到了广泛应用。其中，模糊模式识别和神经网络模式识别的概念逐渐浮现，尤其是新兴的神经网络技术，在模式识别方面展现出了巨大的发展前景。

（四）自然语言理解

目前人们使用计算机时，大都是用计算机的高级语言（如 C 语言、Fortran

语言等）编制程序来告诉计算机"做什么"以及"怎样做"，这只有经过相当训练的人才能做到，给计算机的利用带来了诸多不便，严重阻碍了计算机应用的进一步推广。如果能让计算机"听懂""看懂"人类自身的语言（如汉语、英语、法语等），那将使更多的人可以使用计算机，大大提高计算机的利用率。自然语言理解就是研究如何让计算机理解人类自然语言的一个研究领域。具体地说，它要达到如下三个目标。

一是计算机能正确理解人们用自然语言输入的信息，并能正确回答输入信息中的有关问题；

二是对输入信息，计算机能产生相应的摘要，能用不同词语复述输入信息的内容；

三是计算机能把用某一种自然语言表示的信息自动地翻译为另一种自然语言。例如把英语翻译成汉语，或把汉语翻译成英语，等等。

（五）自动定理证明

自动定理证明是人工智能中最先进行研究并得到成功应用的一个研究领域，同时它也为人工智能的发展起到了重要的推动作用。

定理证明的实质是对前提 P 和结论 Q，证明 P→Q 的永真性。但是，要直接证明 P→Q 的永真性一般来说是很困难的，通常采用的方法是反证法。在这方面海伯伦与鲁滨孙先后进行了卓有成效的研究，提出了相应的理论及方法，为自动定理证明奠定了理论基础。尤其是鲁滨孙提出的归结原理使定理证明得以在计算机上实现，对机器推理做出了重要贡献。

（六）自动程序设计

自动程序设计涵盖了程序的综合和程序正确性的验证这两个核心部分。程序的综合功能是为了实现自动化编程，也就是说，用户只需向计算机明确"要完成什么任务"，而不需要详细说明"如何操作"，计算机便能自动完成程序设计。为了验证程序的正确性，我们需要构建一套完整的理论和方法体

系，通过应用这套理论和方法，我们可以有效地证明程序的正确性。现行的验证方式通常是利用一组已知结果的数据来测试程序，如果程序的运行结果与已知结果一致，那么就可以认为程序是正确的。对于简单的程序，这种策略可能并不是绝对必要的，但对于复杂的系统，它可能难以实施。在复杂的程序中，存在错综复杂的相互关系，这导致了难以计算的测试路径。即便有大量的测试数据，也很难确保每条路径都能得到准确的测试，从而无法确保程序的准确性。验证程序的正确性至今依然是一个具有挑战性的问题，需要进一步的研究和探讨。

（七）机器人学

机器人是指可模拟人类行为的机器。人工智能的所有技术几乎都可在它身上得到应用，因此它可被当作人工智能理论、方法、技术的试验场地。反过来，对机器人学的研究又大大推动了人工智能研究的发展。

自 20 世纪 60 年代初研制出尤尼梅特和沃莎特兰这两种机器人以来，机器人的研究已经从低级到高级经历了三代的发展历程。

1. 程序控制机器人（第一代）

第一代机器人是程序控制机器人，它完全按照事先装入机器人存储器中的程序安排的步骤进行工作。程序的生成及装入有两种方式：一种是由人根据工作流程编制程序并将它输入机器人的存储器中；另一种是"示教—再现"方式。所谓"示教"是指在机器人第一次执行任务之前，由人引导机器人去执行操作，即教机器人去做应做的工作，机器人将其所有动作一步步地记录下来，并将每一步表示为一条指令，示教结束后机器人通过执行这些指令（即再现）以同样的方式和步骤完成同样的工作。如果任务或环境发生了变化，则要重新进行程序设计。这一代机器人能成功地模拟人的运动功能，它们会拿取和安放、会拆卸和安装、会翻转和抖动，能尽心尽职地看管机床、熔炉、焊机、生产线等，能有效地从事安装、搬运、包装、机械加工等工作。

2. 自适应机器人（第二代）

第二代机器人的主要标志是自身配备有相应的感觉传感器，如视觉传感器、触觉传感器、听觉传感器等，并用计算机对之进行控制。这种机器人通过传感器获取作业环境、操作对象的简单信息，然后由计算机对获得的信息进行分析、处理，控制机器人的动作。由于它能随着环境的变化而改变自己的行为，故称为自适应机器人。目前，这一代机器人也已经进入商品化阶段，主要从事焊接、装配、搬运等工作。第二代机器人虽然具有一些初级的智能，但还没有达到完全"自治"的程度，有时也称这类机器人为人一机协调型机器人。

3. 智能机器人（第三代）

这是指具有类似于人的智能的机器人，即它具有感知环境的能力，配备有视觉、听觉、触觉、嗅觉等感觉器官，能从外部环境中获取有关信息；具有思维能力，能对感知到的信息进行处理，以控制自己的行为；具有作用于环境的行为能力，能通过传动机构使自己的"手""脚"等肢体行动起来，正确、灵巧地执行思维机构下达的命令。目前研制的机器人大都只具有部分智能，真正的智能机器人还处于研究之中。

（八）博弈

诸如下棋等一类竞争性的智能活动称为博弈。人工智能研究博弈的目的并不是为了让计算机与人进行下棋、打牌之类的游戏，而是通过对博弈的研究来检验某些人工智能技术是否能达到对人类智能的模拟，因为博弈是一种智能性很强的竞争活动。另外，通过对博弈过程的模拟可以促进人工智能技术的研究。

（九）智能决策支持系统

智能决策支持系统是近年来新兴的一个研究领域，它是把人工智能的有

关技术应用于决策支持系统领域而形成的。由于决策支持系统与人工智能原本是平行发展的两个学科，有各自的研究方法与发展道路，因而要将二者结合起来尚须解决许多技术上的困难问题。

（十）人工神经网络

人工神经网络是一个用大量简单处理单元经广泛连接而组成的人工网络，用来模拟大脑神经系统的结构和功能。早在 1943 年，神经心理学家麦克洛奇和数学家皮兹就提出了形式神经元的数学模型（M-P 模型），从此开创了神经科学理论研究的时代。1944 年赫布提出了改变神经元连接强度的 Hebb 规则，它们至今仍在各种神经网络模型的研究中起着重要的作用。20 世纪 60 年代至 70 年代，由于神经网络研究自身的局限性，致使其研究陷入了低潮，但到 80 年代由于霍普菲尔特提出了 HNN 模型，从而有力地推动了神经网络的研究，由此又使人工神经网络的研究进入了一个新的发展时期，取得了许多研究成果。现在它已经成为人工智能中一个极其重要的研究领域。

第七章　人工智能图像处理方法

第一节　人工智能图像聚类分割概述

由于分水岭算法易受图像中量化误差的影响，在分水岭算法结束后仍有一些过分割区域，因此为了得到良好的分割效果，本章在结合阈值分割的分水岭算法后又采用聚类分割算法合并那些无语义学意义的过分割小区域，从而进一步改善了传统分水岭算法易产生过分割的缺陷，并能获得更有意义的分割效果。

一、图像聚类分割概述

聚类是指依照某一准则将数据集划分为若干个类或簇，使得属于同一类内的数据集合具有较高的相似度，而属于不同类的数据集合具有较低的相似度，因而聚类过程的关键就是尽可能地将同类事物聚集在一起，将不同类别的数据集合尽可能地分离。聚类分析属于多元统计方法中的一种，在对样本进行聚类分析时，在样本所属的类别和类别数目未知的情况下，该方法依据

样本数据，采用数学方法来处理数据集的分类问题。聚类分析在图像处理领域，尤其在图像分割方面发挥着相当重要的作用，因而产生了许多基于聚类算法的图像分割方法。

完整的图像聚类过程不仅包含聚类算法本身，还包括图像的特征选择与提取以及数据集的相似度度量的计算，其图像聚类过程：图像特征的选择与提取以及数据集相似度的计算会受到聚类输出反馈的影响。到目前为止，评价聚类方法的优劣还没有量化的客观标准，因而聚类方法效果的好与差主要采用以下几个标准来衡量：是否具有处理大量数据集合的能力；是否具有处理数据抗噪声的能力；是否具有处理携带间隔或嵌套的任意类型数据的能力；是否具有处理后的输出结果与数据输入顺序无关的能力；是否具有处理多维数据的能力；在聚类过程中是否需要先验知识。

二、模糊C均值聚类算法

（一）图像的模糊性分析

图像处理就是对图像中的信息进行分析、识别以及理解。由于图像是二维信息对三维信息的表示，所以很多信息在成像过程中缺失了，使得图像本身具有许多不确定性。同时，人眼对灰度级的分辨是模糊的，很难准确区分图像中的灰度级。图像的这些不确定性因素大大提高了分割的难度。图像中的模糊性可以分为以下几点。

1. 灰度的不确定性

图像中的灰度具有不确定性，若图片中像素的灰度值由暗逐渐变亮，那么对于中间过渡区中的像素，很难明确判断该像素到底属于暗区域还是亮区域。

2. 空间的不确定性

由于图片中通常存在不明确、不精确的边界或物体轮廓，使得边缘附近的像素不确定性非常高，很难确定该像素属于哪个区域。

3. 概念和知识的不确定性

由于人类的语言、知识和概念具有模糊性和不明确性，从而使得图像中某些概念也是模糊、不明确的，如边缘、平滑、对比度等概念。由于图像具有不确定性、模糊性和非随机性，使得经典数学理论很难表示和处理图像，且难以取得好的处理结果。因此，模糊理论被很多研究者引入图像处理、模式识别等领域，由于该理论能够很好地表达和处理具有不确定性的知识，在实际应用中取得了很好的效果。

（二）模糊理论基础

模糊 C 均值聚类算法是一种非常典型的模糊聚类算法，该算法是在 HCM 算法的基础上引入模糊理论改进而成的。

1. 模糊理论简介

扎德提出了隶属度函数的概念以及模糊集合理论。隶属度函数用于解释具有模糊性的现象，是一种亦此亦彼的关系。模糊集合理论是在传统集合理论的基础上发展起来的，并且作为一门新兴学科被建立起来。模糊集合理论的出现能更好地解释自然界中的模糊性和随机性，加深了人类对客观世界的认识。如今，模糊理论是研究热点之一，其应用已经遍及多个领域，如模式识别、图像处理、通信、教育、心理学、决策制定等。国内外学者根据模糊理论的特点提出很多基于模糊理论的图像分割算法，其中模糊聚类方法是图像分割中研究和应用最为广泛的方法之一。

2. 模糊集合理论

在传统集合中，元素只有属于集合和不属于集合这两种状态，所以描述的是含有清晰界限、可以明确区分的事物现象。因而每个对象与传统集合的隶属关系是明确的，是非此即彼的关系。而模糊集合描述的是含有模糊属性

或不确定性的现象。任意要素都以不同的隶属度属于多个不同集合，因此，每个对象与模糊集合的隶属关系是不确定的。在集合论中，一般将研究对象所构成的非空集合称为论域，用大写字母表示；将论域中的研究对象称为元素，用对应的小写字母表示。论域中的元素组成的整体称为集合。

（三）模糊聚类基础

1. 聚类分析简介

现实世界中存在着各种各样的分类问题，其中聚类是一种重要的分类方法。聚类就是根据事物之间的某些相似性特征对其进行分类的过程。聚类分析则是运用数学方法把具有某种相似性特征的样本划分为若干类，并使得同一类中样本相似、不同类中的样本相异的数学分析方法。由于在聚类过程中不需要先验知识的指导，所以聚类分析属于无监督分类。近年来，聚类分析技术已被广泛应用于多个领域，如模式识别、生物医学、图像分割、心理学等。

分类是人们认识事物的一种手段，人们总是根据某种特征来判断事物之间是否相似。但随着社会的发展与进步，人们获取的数据量已经远远超出了自身的处理能力，为了能够有效地处理这些数据，需要通过计算机对这些数据进行分类。特征选取是聚类分析的前提和基础，选取合适的特征可以极大地减少运算量，简化聚类算法设计；聚类算法设计是聚类分析的主要部分，根据样本特征的相似性对其进行分组；有效性分析是聚类分析的评价指标，根据该评价指标可以分析出算法的优劣，从而更好地改进或选择合适的聚类算法；结果解释是聚类分析的最终目的，可以从聚类结果中获取有用的知识。

2. 模糊聚类中的相似性度量函数

模糊聚类分析主要是通过样本的某种相似性特征对其进行划分的，因此需要事先选取合理的相似性度量函数。人们通常选择距离函数作为相似性度量函数。样本的特征值之间的距离越小，越说明它们的相似性越大，反之亦

然。因此，通常选择距离度量函数来表示样本点之间的相似性程度。

3. 模糊聚类中的去模糊化方法

在对样本进行模糊聚类之后，可以得到样本对聚类的隶属度值。因此，需要借助去模糊化方法对其聚类结果进行处理，从而得到确定的分割结果。

（四）K 均值聚类算法（HCM）

1. HCM 算法原理

K 均值聚类算法（k-means clustering algorithm，HCM）是常用的聚类算法之一，其原理是：通过最小化目标函数来完成分类，目标函数是非相似性指标。

2. HCM 算法的优缺点

HCM 算法有着容易理解、实现简单、收敛时间短的优点。但其仍存在以下不足。

（1）易陷入局部极值

由于 HCM 算法的初始值是随机选取的，若初始值选在局部极值附近，则会出现分割结果错误、收敛速度变慢或陷入局部极值的问题。

（2）对噪声敏感

该算法在处理含噪数据时，噪声数据和样本均被当作正常的数据处理，从而导致错误的分割结果。

（3）聚类个数需要提前设定

在实际应用中，人们往往很难确定聚类个数，只能凭借经验或反复试错得到。

3. HCM 算法实现

可以用交替寻优算法来求得 HCM 算法目标函数的最小值及每个样本元素的隶属度和聚类中心。当达到迭代终止条件时，跳出循环。

（五）模糊 C 均值聚类算法（FCM）

1. FCM 算法的原理

模糊 C 均值（fuzzy c-means algorithm，FCM）聚类算法由 Dunn 提出，随后 Bezdek 对该算法进行了改进和发展。它是在硬 C 均值聚类算法的基础上结合模糊集理论，将隶属度值由 0 和 1 推广至闭区间，使样本不再确切地属于某一类，而是以不同的隶属度从属于多个类。FCM 算法的原理是：通过迭代来更新聚类中心和隶属度矩阵，从而逐步减少目标函数值。在目标函数达到最大值或最小值附近时，根据最大隶属度原则进行去模糊，最终实现数据分类。

2. FCM 算法的优缺点

虽然 FCM 算法有着符合人类认知特性、无需人工干预、适用解决模糊性问题的优点，但仍然存在以下不足。

（1）对噪声十分敏感

由于 FCM 在对图像进行分割时，仅仅使用了图像的灰度信息，没有考虑像素的空间邻域信息，使得该算法在处理噪声像素时，将噪声点当作正常像素处理，从而产生错误的分割结果。

（2）FCM 算法对初始参数敏感

FCM 算法主要包括初始隶属度矩阵 U 或初始聚类中心 V、聚类数目 C、模糊加权指数 m、迭代终止阈值 S 和最大迭代次数等几个部分。初始隶属度矩阵或初始聚类中心是随机选取的，若选取不当，易使算法陷入局部极值；在实际应用中，人们往往很难确定聚类数目，只能凭借经验或反复试错得到，影响了算法的运行效率。其他参数的选取也或多或少地影响算法的聚类效果。而这些参数的选取目前还只能凭借经验或反复试错得到，没有相关理论体系的支持。

（3）FCM 算法计算复杂度高

FCM 算法通过迭代，求得目标函数最小值及对应的隶属度与聚类中心。在每次迭代时，都需要计算每个样本点的隶属度，随着样本规模的增加，计算量也将随之增长，运算时间大大增加，导致 FCM 算法无法对数据量大的图片进行实时处理。

3. FCM 算法的实现

通过对公式进行迭代计算，算出新的聚类中心和隶属度矩阵，并替换之前所对应的值。当达到终止条件时，跳出循环。最后根据最大隶属度原则对像素进行归类，从而完成图像的分割。

4. 模糊聚类算法存在的问题

利用聚类算法对图像进行分割时，存在以下问题。

（1）聚类数目的确定

在对数据集进行聚类之前必须给定聚类的数目，否则该聚类算法将无法运行。但是目前仍然没有一种可行的标准来确定聚类的数目，往往只能凭借经验。所以聚类数的确定是模糊聚类方法中的难点。

（2）FCM 算法易陷入局部极值

FCM 算法必须事先给出初始聚类中心或初始隶属度，但 FCM 算法的初始值往往是随机生成的，若初始值正好落在某个局部极值附近，极可能使该算法最终陷入局部极值，所以 FCM 算法对初始值敏感。如何使聚类达到全局最优，并且减少迭代次数是模糊聚类算法的一个难题。

（3）聚类算法对噪声敏感

标准 FCM 算法和 NCM 算法在对图像进行分割时，仅仅使用图像的灰度信息，而没有考虑像素的空间邻域信息，正因为仅仅使用了像素的灰度信息，导致 FCM 算法和 NCM 算法对噪声十分敏感。

（4）对聚类算法的缺陷进行改进

针对模糊聚类算法的不足提出改进策略。针对 FCM 算法易陷入局部极

值、需要人工确定聚类数的缺陷，提出了基于模拟退火和粒子群的自适应 FCM 算法。通过模拟退火粒子群算法寻找最优聚类中心，能有效避免陷入局部极值的问题，通过有效性函数自适应地选取最优聚类数目。在此基础上，针对该算法对噪声敏感的缺陷，提出了引入空间信息的 ISAPSOFCM 算法。

针对中智聚类算法的不足提出改进策略。在中智模糊聚类算法（Neutrosophic C-means Clustering Algorithm，NCM）中加入噪声距离和模糊局部信息，从而提出了基于噪声距离的核空间中智模糊局部信息 C 均值聚类算法（NKWNLICM），使得该方法在处理含噪图片时，有很好的去噪效果。

图像分割在诸多研究领域中有着重要地位，如神经网络、模式识别、人工智能、数据挖掘、深度学习等众多领域。图像分割技术的发展与进步，可以极大地促进这些领域的发展与进步，所以对图像分割问题的研究十分重要。近几十年来，国内外研究者们对图像分割进行了大量研究，出现了上千种不同类型的分割方法，但仍然不存在公认的通用分割方法。关于图像分割领域研究的难点主要包括：第一，图像数据具有不确定性，通常伴随着图像噪声，而图像噪声的先验知识往往是未知的。此外，图像有着不同的类型和不同的特点，因此很难对这些图像进行准确有效的分割。第二，由于图像往往包含诸多复杂信息，如边缘信息、形状信息、纹理信息以及色彩信息等，使得很难描述对象的所有信息，所以很难找到统一的分割方法可以分割所有种类的图像。第三，对数据量过大的图像进行处理时，很多图像分割算法的时间复杂度和空间复杂度都比较高，不适合处理对实时性要求高的图像。第四，研究者们很少关注图像分割技术的评价方法，目前仍然不存在统一准确的评价指标。

第二节　图像聚类分割算法

在图像分割中，根据图像中要处理的数据、分割的目的以及用途，可选取不同的聚类算法以实现图像分割的目的。目前常用于图像分割的聚类算法大体上可分为划分聚类算法、层次聚类算法、基于密度的聚类算法、基于模型的聚类算法以及基于网格的聚类算法。

一、划分聚类算法

划分聚类算法采用目标函数最小化策略把一个包含 N 个数据对象的数据集分成 h 个组，并且该算法使得每一组中的对象相似度相当高，而不同组的对象相似度比较低。由此可知，相似度的定义是划分聚类算法的关键环节。该算法的目标函数一般定义为 $J = (1/N)\sum Anid^2 (xi - xn)$，其中 xi 表示对象空间中一个数据对象，且 xi 是第 i 类的均值，J 为集合 A 中全部对象与对应的聚类中心的均方差之和。最常用的划分聚类算法包含 k-means 算法和 k-medoids 算法。

（一）k-means 算法

k-means 算法的原理是将包含 N 个数据对象的数据集分成事先给定的数目为 k 的簇。首先随机选择 k 个对象作为初始的 k 个聚类中心 $C = (C1, C2, \cdots, Ck)$，接着通过算出其余的所有样本到各自聚类中心的距离，把该样本划分到距离它最近的类中，之后再使用平均值的方法计算调整后的新类的聚类中心，重复上述步骤直到计算出的两次类中心保持不变时，标志着数据集中的样本分类结束且聚类平均误差准则函数 F 处于收敛状态。聚类平均误差准则函数 F 的表达式 $F = \sum Ci|q - mi|^2$，其中 q 为数据集的数据对象，mi 是第 i 类聚类中心 C 的平均值，F 代表数据集中全部数据对象的平方误差的总和。

k-means 算法虽然容易实现，但是该算法也具有一些缺陷：k-means 算法当选用不同的初始值时，会得到不同的聚类结果，因此该算法对初始聚类中心的依赖性较大；k-means 算法对孤立点及噪声点反应较为敏感，严重时会导致聚类中心的偏离；k-means 算法需要用预先掌握的知识来确定待生成的簇的数目。

（二）k-medoids **算法**

k-medoids 算法的处理过程如下：先随机选出 k 个对象作为初始的 k 个聚类的代表点，接着算出其余的样本到其最靠近的聚类中心的对象的距离，把该样本归类到离它最近的聚类中，并依据某代价函数估算目标与代表点间的相异度平均值，若对象与代表点相似则替换代表点，反复进行上述过程直到不再有对象替换代表点为止。k-medoids 算法包括 PAM 算法、CLARANS 算法以及 CLARA 算法。当数据集和簇的数目较大时，PAM 算法的性能就会变得很差；CLARANS 算法不能辨认嵌套或其他复杂形状的聚类形状，而且该算法具有运算效率低、没有处理高维数据的能力以及不能准确找到局部极小点而产生错误的聚类结果的缺陷；CLARA 算法的聚类结果与抽样的样本大小有关，当抽样的样本发生偏差时，CLARA 算法的性能就会变差而不能得到良好的聚类结果。

二、层次聚类算法

层次聚类算法分为凝聚层次聚类算法和分裂层次聚类算法。凝聚层次聚类认为每一个对象是一个簇，遵循自下而上的原则逐步归并簇，继而构成更大的簇，反复这一过程直到图像中所有的对象都在同一个簇中或满足某一约束条件时，该算法结束。分裂层次聚类的过程与凝聚层次聚类的过程相反，分裂层次聚类认为图像中所有的对象已经在一个簇中，遵循自上而下的原则逐渐将图像中的对象从一个簇中划分为越来越小的簇，反复这一过程直到图像中每一个对象被分为单独的一簇或满足某一约束条件时，该算法结束。常用的层次聚类算法有 BIRCH 算法、ROCK 算法、CURE 算法、Chameleon 算法等。BIRCH 算法通过扫描数据来建立一个有关聚类结构的 CF 树，并对该 CF 树的叶节点进行聚类；ROCK 算法根据相似度阈值与共同领域的基本概念计算出图像的相似度矩阵，接着从图像的相似度矩阵中构建一个稀疏图，并对该稀疏图进行聚类；CURE 算法依据收缩因子的值调整每个簇的大

小和形状，从而形成不同类型的簇而完成聚类；Chameleon 算法依据若图像中存在两个簇之间相似性以及互联性高度相关的对象，则动态地合并这两个簇，重复上述过程直到不能合并为止，该算法结束。层次聚类算法虽然易处理不同粒度水平上的数据，但是该算法的结束条件模糊；其扩展性不佳，因而要求预先算出图像中大部分的簇才可完成合并或分裂操作；并且该算法的归并或分裂簇的处理是不可修正的，因此该算法聚类质量较低。

三、基于密度的聚类算法

基于密度的聚类算法弥补了划分聚类算法和层次聚类算法的不足，不仅可以处理凸形簇的聚类，而且可以处理任意形状簇的聚类。该算法依据图像中数据集密度的相似度，把密度相近的数据集划分为一个簇，反之，把密度不接近的数据集划分为不同的簇，从而实现聚类的目的。常用的基于密度的聚类算法有 DBSCAN 算法、DENCLUE 算法以及 OPTICS 算法等。DBSCAN 算法通过图像中对象集合的每个对象的特定邻域来确定簇的区域，该算法的聚类结果不受数据输入顺序的影响，但此算法在执行的时候，需要事先知道图像中确定的聚类参数，由于现实中的高维数据集不容易确定出聚类参数，因此该方法具有一定的局限性；DENCLUE 算法依据图像中数据集的影响函数来计算数据空间的整体密度，接着确定出密度吸引点并寻找到各个簇的区域而实现聚类的目的，但是该算法受聚类参数的影响较大，往往参数值的轻微变化会引发差别较大的聚类结果；OPTICS 算法可以自动、交互地算出图像中簇的次序，并且此次序表示数据集的聚类结构，但是由于该算法所确定的聚类结构是从一个宽泛的参数设置范围中获得的，因此该算法不能产生一个数据集的合适簇，因而聚类结果不太理想。

四、基于模型的聚类算法

基于模型的聚类算法依据图像中的数据集符合某一概率分布这一假设，把数据集表示为某一数学模型来实现聚类的目的，因而该方法划分的每一个

簇的形式均是通过概率描述来表示的。基于模型的常用聚类算法有统计方法和神经网络方法，此外还有一些新的模型聚类算法，例如，支持向量方法的聚类算法、SPC 算法以及 SyMP 算法等。统计聚类方法有 COBWEB 算法、CLASSIT 算法、Auto Class 算法以及高斯混合模型算法等。COBWEB 算法是最著名的基于统计聚类的方法，该算法用一个启发式估算度量将数据集中的对象加入能够产生最高分类效果分类树的位置，于是会不断地创建出新的类，从而实现聚类的目的。COBWEB 算法不需要事先提供数据集的聚类参数就可以自动地修正并划分出数据集的簇的数目，但是由于该方法进行的前提是假设每个簇的概率分布是相互独立的，因而该方法具有局限性；此外该方法在存储和更新数据集的每个簇的概率分布的时候，均会付出较高的代价而效率变低。CLASSIT 算法可以处理连续性数据集的增量聚类，并且该算法是 COBWEB 算法的一个衍生算法，因而该算法存在与 COBWEB 算法相同的缺陷，因此该算法也不适用于解决大型数据集的聚类问题。

神经网络算法将数据集的每一个簇看作是一个例证，并将该例证视为聚类的初始点，接着该算法依据某种相似度，将新的对象分配到与其最相似的簇中而实现聚类的目的。主要的神经网络方法包含竞争学习神经网络方法和自组织特征映射神经网络方法。基于神经网络的聚类算法处理数据需要的时间较长，并且不适合用于大型数据集的处理。

五、基于网格的聚类算法

基于网格的聚类算法是首先将图像空间数据量化成某些单元，然后该算法对这些量化单元进行聚类。经典的基于网格的聚类算法有 STING 算法、CLIQUE 算法以及 Wave Cluster 算法。STING 算法是一种针对不同级别的分辨率将图像空间分为多个级别的长方形单元的多分辨率的聚类方法；CLIQUE 算法是一种综合密度与网格的针对处理高维数据集的聚类算法；Wave Cluster 算法采用小波变换把图像的数据集的空间域转变为其频率域，并在这个频率域中找到密集的数据区域而实现数据聚类。基于网格的聚类算法虽然能快速聚类，但是该算法只能对垂直和水平边界进行聚类，不能对斜边界进行聚类，因此该算法具有一定的局限性；其时间复杂度通常与数据集的规模无关而与网格数目相关，若网格单元数太大，则其时间复杂度就会变大，反之若网格单元数太小，该算法的聚类精确度就会受影响，因此该算法选取恰当的网格数是取得良好聚类效果的关键环节。

六、引入噪声距离的核空间中智模糊局部信息聚类算法

传统的 FCM 算法是在经典模糊理论的基础上发展而来的，而经典模糊理论自身存在一定的局限性，对不确定信息的表达能力不足，使得 FCM 算法在对图像进行分割时，不能很好地处理聚类的边界像素和异常值。传统的 FCM 算法在进行图像分割时仅仅考虑了像素的灰度信息，并没有考虑图像的空间邻域信息，使得该算法对噪声和孤立点十分敏感，对含噪图像的分割结果不理想。针对 FCM 算法的上述缺陷，有学者提出了噪声聚类算法，该算法在 FCM 算法的基础上添加了噪声类，其中噪声类用一种参数子集来表示，该算法有较好的去噪效果。有学者提出了模糊局部信息 C 均值算法，该算法提出了模糊局部信息项，该项包含空间邻域信息和灰度信息，从而提高了算法对于噪声图像的分割效果。为了进一步提高 FLICM 算法的分割效果，公茂果等提出了核空间模糊局部信息均值算法，用像素邻域方差信息对模糊局部信息进行了改进，并用核距离替代欧氏距离。郭艳辉等在中智理论的基础上对 FCM 进行了改进，提出了中智模糊 C 均值聚类算法（NCM），该算法不仅包含隶属度 T，还包含不确定度 I（对聚类边界的隶属度）和反对度 F（对噪声的隶属度），使得该算法在分割图像时对边界区域的分类更加明显，并且克服了 FCM 算法去噪性能差的缺点。

（一）噪声聚类

Dave 在噪声原型的基础上提出了噪声聚类算法。由于该算法中噪声距离的作用，使得噪声聚类算法具有鲁棒性，在处理含噪数据时能够得到较好的

计算结果。所以可以将噪声距离的概念与其他聚类算法相结合，从而提高算法对噪声的鲁棒性。

（二）中智模糊聚类

1. 中智理论简介

模糊聚类算法是在模糊理论的基础上对 HCM 算法的推广和延伸。与非模糊分割算法相比，模糊分割算法对图像中的不确定信息有较好的处理能力，所以模糊分割算法的分割效果更好。然而，由于模糊理论的局限性，经典模糊分割算法仍然存在着一些缺陷，使得人们在处理复杂问题时，分割结果并不理想。

为了解决经典模糊理论的局限性，进一步提高它对不确定性或模糊问题的处理效果，人们对经典模糊理论进行了扩展，提出了直觉模糊集、区间值模糊集、区间直觉模糊集等。其中，弗罗仁汀·司马仁达齐提出中智理论，该理论是对模糊理论和其他扩展理论的进一步概括和泛化。中智理论不但能够更好地表示和解决非确定性问题，而且比模糊理论的处理效果更好。中智理论的基本思想是：任何观点都具有一定程度的真、不确定性和假。为此引入了 T、I 和 F 作为中智元素，分别表示事件的真实性、不确定性和荒谬性，我们称 T、I 和 F 这些中智元素为真值、不确定值和假值。

2. 中智模糊聚类算法（NCM）

在聚类分析中，传统模糊聚类方法只能描述元素属于某个聚类的程度。但对那些处于任意若干个聚类边界的元素来说，往往很难确定它们具体属于哪个聚类。为解决这个问题，郭艳辉等在中智理论的基础上对 FCM 算法进行了改进和拓展，提出了中智模糊 C 均值聚类算法（NCM）。该算法不仅包含元素属于聚类的程度，还包含了元素对聚类的不确定度及属于噪声的程度，使得该算法在分割图像时对边界区域的分类更加明显，并且克服了 FCM 算法去噪性能差的缺点，提出了新的集合 A，其中 A 是确定聚类和不确定聚类的并集。

（三）基于噪声距离的核空间中智模糊局部信息 C 均值聚类算法

在 NCM 中，由于目标函数没有涉及任何空间信息，若直接用于图像分割，则达不到理想的分割结果。因此，它不适合直接用于图像分割。另外，通过最大隶属度原则确定的像素标签可能产生分段误差。因此，应该在目标函数中加入空间邻域信息来减少不期望的因素对隶属函数最终确定的影响。基于 NCM 算法存在的问题，将基于核空间的局部信息和噪声距离嵌入 NCM 算法，提出新算法——基于噪声距离的核空间中智模糊局部信息 C 均值聚类算法。

第三节 FCM 聚类分割算法

依据图像数据集中的簇的重叠程度，可以将聚类分割算法分为硬性聚类算法和模糊聚类算法。硬性聚类算法体现了对象与簇之间的非此即彼的关系，即严格地把每个待聚类的对象分类到某个簇中。设图像的数据集为 $X = \{x_1, x_2, \cdots, x_n\}$，其分类的数目为 c，且满足条件 $2 \leqslant c \leqslant n$；假设将数据集 X 划分为互不重叠的 c 个簇，使得任何一个 X 中的样本点均属于某一个簇，并且每一个簇中最少有一个样本点，那么这个硬性聚类算法的聚类结果就可以表示为一个 $c \times n$ 阶的矩阵 U，则数据集中的第 j 类可以表示为 u_{jk}，其表达式 $u_{jk}=1$，$x_k A_j (j=1, 2, \cdots, c)$。

通常在实践中，事物间的边界并不是很分明，就会出现模糊划分的聚类算法，而模糊集合理论又为模糊聚类算法提供了优良的数学工具。模糊聚类算法矩阵 U 中元素的取值并不只局限于 0 与 1 这两个值，而是在 0 与 1 之间的区间上取值，因而此时的硬性聚类算法就转变为模糊聚类算法。

HCM 聚类算法是典型的硬性聚类算法，该算法收敛速度较快，但由于

此算法只能将图像中的样本点以概率 0 和 1 划分到各个簇中，因此该方法不能够充分表现出客观事物的模糊特性，因而在实际的图像分割中往往会产生错误分割。相反，模糊聚类算法中的一种典型算法 FCM 算法就可以解决 HCM 算法中不能充分表达事物模糊性的这一缺陷。该算法在图像分割中利用隶属度函数解决了像素同时属于多个不同类别的可能性问题；该算法能够避免阈值的设定问题，并能解决阈值分割中多个分支的分割问题；该算法可以形成较细致的特征空间，其分割结果不会像硬聚类分割那样产生某种偏差；该算法的聚类过程是自动进行的，是无监督的聚类方法，因而该算法在图像分割领域被广泛应用。

FCM 算法的图像分割步骤如下：设待分割的图像为 M，其分割门限为 δ，然后对该图像采用迭代优化方案求其 FCM 算法中目标函数 $J(U, V)$ 的最小值。首先，确定图像的聚类数目 $c(2 \leqslant c \leqslant n)$ 以及加权指数 $m(m \in [2, \infty])$；接着，初始化模糊聚类矩阵 U，其初始值 $U(1)=[u_i(x, y)1]$，且 $i=0$；然后，依据式计算各个簇的聚类中心 v_i；并且计算新的模糊聚类矩阵 U_i+1，再依据式分别计算 $M(x, y)$；若 $M(x,y)=\phi$，则满足图像分割要求，反之，若 $M(x,y) \neq \phi$，则不满足图像分割要求；最后，检查 $\|U(i-1)-U(i)\|$ 的值是否小于 FCM 算法预先设的阈值，若该值小于此阈值，则标志着 FCM 算法结束，图像分割已完成，反之，若该值大于或等于 FCM 算法预先设的阈值，则算法就会继续计算新的聚类中心，当达到停止条件时，计算停止，此时算法收敛。

影响 FCM 聚类算法分割质量的因素如下：一是 FCM 聚类算法的初始隶属度矩阵，该矩阵直接影响 FCM 聚类算法是否能找到最佳的聚类中心以及影响 FCM 聚类算法的运算时间和迭代次数。二是 FCM 聚类算法的对称矩阵，该矩阵的矩阵形式直接影响 FCM 聚类算法的聚类分布，是球状分布、条状分布、带形分布、矩形分布还是菱形分布等。三是 FCM 聚类算法的聚类数目，这个参数直接影响 FCM 聚类算法的运算时间，假如此数目很大，其运算时间就会成倍增加，因而此时该算法用一般的实验设备就难以完成。四是 FCM 聚类算法的加权指数，该参数控制着模糊聚类的类间模糊程度，若该加权指数变大，则分类矩阵模糊程度就会变大；当该加权指数趋于无穷的时候，隶属度矩阵中的元素均接近 $1/c$（c 为聚类的总数），此时隶属度矩阵就失去了意义。五是 FCM 聚类算法的阈值设定，如果阈值设置得太大，则每次运算的聚类结果就会有较大的差异，且聚类结果也不稳定；反之，如果阈值设置得太小，则该算法的运算量就会增加，从而导致运算时间变长以及产生该算法不能收敛的结果。

因此，改进 FCM 聚类算法的分割效果实质就是对以上几个因素的改进，对传统的 FCM 聚类算法进行了如下改进：一是隶属度矩阵的改进：利用图像中像素的空间特征加强原有的隶属度函数，使同类区域的邻域像素携带少量的噪声点的权重，最终获得较准确的聚类中心；改进的隶属度，为控制原有隶属度和控制空间函数间关系的参数；改进隶属度后得到的聚类中心。二是对称矩阵的选择：根据图像的聚类分布对应地选择出对称矩阵的形式。三是聚类数目的确定：采用结合阈值分割的分水岭算法中的分水岭盆地的个数作为初始的聚类数目，从而解决了传统的 FCM 聚类算法不能自动确定总的聚类数目的问题。四是加权指数的确定：对于不同的图像，加权指数也具有不同的取值范围，但加权指数有一个经验范围是 [1，1.5]，之后又从物理上求出，当加权指数取 2 的时候，其表示的模糊聚类的类间模糊程度最有意义。五是阈值设定：本书采用结合梯度特征的最大类间方差法无监督、自适应地确定了多源图像的分割阈值，从而为 FCM 聚类算法收敛到较好的聚类结果奠定了一定的基础。因此，通过上述改进的 FCM 聚类分割算法可以求出新的目标函数，并且用迭代算法可求出目标函数 $J(U, V)$ 最小值，从而得到最佳的图像矩阵与聚类中心的配对，即 (U, V)，最终完成聚类分割的目的。

因此，采用结合空间特征的 FCM 聚类算法对分水岭算法进行改进操作，从而形成了结合改进的 FCM 聚类分割的分水岭算法，该算法减弱了分水岭算法易受图像中的量化误差的影响；与此同时该算法也归并了图像中那些细微的无语义学意义的过分割的小区域，使得被分割的目标轮廓更为清晰；并且该算法进一步改善了传统分水岭算法中易产生过分割的缺陷，最终得到具

有较高分割质量的图像。

一、基于邻域像素相关性的FCM算法改进

聚类算法的实质就是对目标图像像素的分类。其中，隶属度是像素与聚类中心关联程度的衡量标准。隶属度的计算一般是通过对聚类算法目标函数进行最小化。因此目标函数直接决定了隶属度计算结果。一个好的目标函数可以获得更加准确的隶属度。

在传统的 FCM 算法中，隶属度由目标像素和聚类中心的距离决定，距离越大隶属度越小，反之亦然。但是，单纯依靠目标像素与聚类中心的距离进行隶属度计算是不准确的。因为目标像素若为噪声点，不能有效地分割出目标区域。针对这一问题，有学者将邻域像素引入了 FCM 算法，来控制目标像素的隶属度，从而降低噪声影响，提高分割效果，并提出了相关的改进算法。

（一）基于邻域像素的 FCMS 算法

Ahmed 提出了一种改进的 FCM 算法，即 FCMS 算法。该算法通过建立邻域像素与中心像素关系，优化分割结果。

（二）FCMS1 算法

FCMS 算法每次迭代都需要计算邻域信息，导致了分割效率极为低下。陈灿松和张道强针对该问题，提出了 FCMS1 算法。这两个算法在迭代开始之前，对邻域信息像素进行了滤波处理，从而有效降低了计算时间，提高了迭代效率。基于均值滤波处理的算法为 FCMS1。其 FCMS1 算法在迭代前先对像素进行了一次滤波处理，统计了像素中的信息并且进行了一次预分割，因此大大提高了分割效率。然而，该算法在迭代预先估计了图像信息，分割结果受到估算结果的影响，导致了图像分割结果不够准确，出现模糊。

（三）FLICM 算法

聚类算法中的参数会直接影响分割结果，选择的参数决定了改进算法分割结果的好坏。基于邻域像素的 FLICM 算法在对邻域像素进行利用时加入模糊因子。FLICM 算法对图像整体分割效果较好，分割后的图像边缘效果优于 FCMS 算法，但是 FLICM 算法对噪声敏感。

（四）对已有改进算法的分析

FCMS、FCMS1、FLICM 等算法都是基于邻域像素对 FCM 算法进行改进，目的都是通过对邻域信息与聚类中心的距离来调控对应目标像素的隶属度。虽然这些算法取得了一些成果，但是仍存在着一些问题。

1. 改进的 FCMS 算法

FCMS 算法在 FCM 算法的目标函数中加入了邻域信息。隶属度同时受到中心像素和邻域像素的影响，对中心像素进行分类时，需要考虑邻域像素与中心像素的关联程度。但是在 FCMS 算法中将影响因子设为了常数，认为每个邻域像素对中心像素的影响程度相同，这导致了分割结果边缘模糊，出现了过度分割的现象。

2. 改进的 FLICM 算法

FLICM 算法将模糊因子引入目标函数，避免了一些误差，分割后的图像保持了较好的边缘细节。但是完全依照图像本身进行分割会降低对图像中噪声点的处理能力，导致该算法对噪声敏感。通过对 FCMS 和 FLICM 算法的分析可知，对邻域像素的利用是从邻域像素对 FCM 算法进行改进的关键。

二、FCM算法发展

近些年来，越来越多的理论和技术被应用于图像分割，例如模糊集理论、统计学理论和机器学习等，许多新的方法与思想也应运而生。其中，由于成

像技术和扫描仪器本身缺陷等原因，医学图像常常具有模糊性。针对这一问题，一些学者将模糊理论引入医学图像处理中，提出了新的分割算法。其中，最著名的就是模糊 C 均值聚类算法（fuzzy c-means algorithm，FCM）。该算法在提出后，又经推广，成功应用于许多领域，成为经典聚类算法。FCM 算法的原理是建立关于隶属度和聚类中心的目标函数，并对其不断迭代，当隶属度的差值小于给定阈值时则认为迭代结束，最终分别得到隶属度和聚类中心。FCM 算法具有无监督、运行简单并且运算速度较快等特点，为图像分割这一领域做出了卓越贡献，成为被研究人员广泛采用的一种算法。但是该算法也存在着以下两个方面的问题。

第一，FCM 算法只考虑单个像素，在分割过程中忽略了像素之间的关系，没有利用像素的空间和灰度等信息。FCM 算法不能保证对每幅图像的准确分割，当图像模糊性较强时，FCM 算法的分割结果存在较大误差。因此，许多学者和研究人员提出了基于空间信息的改进方法，结合目标图像中的像素灰度或空间信息来精确分割结果，这是 FCM 算法改进的一个重要方向。其中，FCMS 算法、FCMS1 和 FCMS2 算法以及 FLICM 等算法均通过邻域信息对 FCM 算法进行改进。其中，FCMS 算法在目标函数中引入了邻域像素的距离信息，在分割过程中通过像素的距离信息来判断邻域像素与中心像素的关系，使得目标像素的隶属度更加准确。FCMS1 和 FCMS2 算法是对 FCMS 算法的改进，FCMS 算法引入邻域像素信息，加强了分割效果，但是 FCMS 算法需要多次迭代，运算量较为庞大，效率低下。对此，FCMS1 和 FCMS2 算法首先通过滤波对图像信息进行了统计，并计算了像素的邻域信息，通过这种方式降低了运算量，减少了算法运行所需的时间。FLICM 算法提出了使用模糊因子替代确定参数的改进算法。该算法引入模糊因子，完全依照图像本身的像素信息进行分割，降低了人为设置参数对分割结果的影响，一定程度上提高了分割效果。但是该算法在对噪声图像进行处理时效果较差。

第二，FCM 算法的实质是对目标函数的不停迭代，需要进行大量计算，这导致了 FCM 算法效率较为低下。针对这一问题，研究人员提出了如 EnFCM 算法、FGFCM 算法、GIFPFCM 等算法，这些算法都从提高分割效率方面对 FCM 算法进行了改进。其中，EnFCM 算法对给定图像进行了滤波处理获得新的目标图像，并利用新图像的直方图，对图像进行分割。该算法虽然提高了分割效率，但是在分割结果上存在误差。FGFCM 算法首先建立相邻像素间的相似度模型，然后对图像进行分割，该算法在保证分割效果的前提下，提高了运行效率。GIFPFCM 算法通过在目标函数中增加一项隶属度的函数，该函数在隶属度达到 0 或 1 时最小。该算法在进行分割时，通过这一函数快速计算出目标像素的隶属度，以此来达到提高算法效率的目的。

三、融合遗传算法和空间邻域信息的FCM改进分割算法

FCM 算法是通过反复迭代优化目标函数来实现样本的聚类分割，但是该算法对初始聚类中心较为敏感，易导致算法局部收敛，而且由于算法未考虑空间邻域信息，造成算法对噪声较为敏感，因此很难得到较好的分割结果。主要针对此不足，选择全局寻优能力较强的遗传算法去优化添加了空间邻域信息的 FCM 算法的初始聚类中心，以取得更好的分割效果。然后在此基础上，结合三通道把它应用推广到彩色图像的分割，即首先对单个通道分割图像，然后再融合三个通道的分割结果，得到最终的分割结果。

（一）FCM 改进分割遗传算法

遗传算法本质是一种群体性搜寻的算法。遗传算法具有较强的全局搜索能力，把遗传算法与 FCM 算法结合，可以利用遗传算法全局寻优能力强的特点去优化 FCM 算法的初始聚类中心，改善该算法对初始聚类中心敏感而导致算法易局部收敛的问题，从而获得更理想的聚类效果。遗传算法是一种全局化概率寻优算法，它是以生物界的"适者生存，优胜劣汰"的进化规则为依据，经过长期发展所形成的一种算法。受进化论的影响，算法自身的鲁棒性较强。遗传算法中很多操作都是随机的，该算法的随机操作和传统的随

机搜索是不同的，它是高效有向的搜索，而传统的方法则是无向的搜索。

1. 遗传算法基本步骤

遗传算法的基本步骤如下：

Step1：染色体编码，初始化种群。随机生成初始种群 V；

Step2：利用适应度函数来计算每个个体的适应度；

Step3：判断是否满足算法的停止条件，若是算法满足停止条件，即达到预设的算法迭代次数，则输出适应度最优的个体，算法结束，否则算法转Step4；

Step4：选择。以某一选择方式来选取可以进入下一代的个体；

Step5：交叉。以概率来进行；

Step6：变异。利用其他基因值来代替染色体编码串中的某一些基因值，以此产生新个体，以概率来进行；

Step7：由遗传操作产生新种群，转至 Step2。

2. 遗传算法基本操作

遗传算法的基本操作主要包括编码、选取初始种群、选择、交叉、变异、选取适应度函数和设置停止条件。

（1）编码

编码是建立表现型和基因型的映射关系，就是基因染色体的表达。基因进行编码的实质是把我们抽象的事物采用编码方式转换成遗传中的染色体。编码方式有二进制编码、浮点数编码以及字符编码等，本书用的是浮点数编码，因为浮点数编码方式可以提升算法的精度和运算效率。

（2）选取初始种群

遗传算法和传统的算法一个主要区别是前者是从初始种群进化而来的。把待优化问题进行编码后，接下来就是建立初始种群。初始种群是算法开始的起点。它的选取通常遵循随机化原则，因为使用随机化概率的方式来选取初始种群，可以保证算法的性能。

（3）选择

选择是遗传算法中的关键步骤，是实施"优胜劣汰"的主要操作，它的基本思想是从父代中选择出优质个体，淘汰掉劣质个体。其目的是通过某种选择方法把选择出的优秀个体遗传到下一代，所以，确定合适的选择方法，是算法中比较重要的一环。选择操作是在适应度评估的基础上进行的。常用的选择方法有"轮盘赌"选择和最优保存策略。

"轮盘赌"选择方法又被称为比例选择法，它的基本思想是每个个体被选中的概率和它的适应度大小成正比例关系。

最优保存策略的基本思想是指当前种群中适应度值最高的个体不进行交叉和变异操作，而是用它来替换本代种群中已经进行交叉和变异操作后所产生的那些适应度值最低的个体。最优保存策略可以看作是选择操作的其中一部分，它能确保算法的收敛性，把它和其他选择方法结合使用，可以取得良好的效果。它的具体操作过程如下：

① 找出当前种群适应度最高和最低的个体；

② 如果当前种群中适应度最高的个体高于之前最优个体的适应度，那么用当前适应度最高的个体作为新的最优个体；

③ 用新的最优个体替换当代种群适应度最低的最差个体。

（4）交叉

交叉是指两个染色体上的基因按某种方式交换重组从而形成两个新个体。交叉在遗传算法中有着至关重要的作用，是新个体产生的主要操作。通过交叉操作，很大程度上可以提升算法的搜索能力。交叉方法有单点交叉、两点交叉、均匀交叉和算术交叉等。单点交叉是在个体的编码串中随机设定一个交叉点，然后在该点前或后两个个体的部分基因相互交换。它的基本流程为：首先对群体随机配对，随机设置交叉点位置，然后配对的染色体相互交换部分基因。

（5）变异

变异是个体染色体编码串上的某些基因值发生了变化，从而产生新的个

体。变异主要是为了提升算法的局部搜索能力，以此来保证种群的多样性，避免算法过早收敛。常用的变异方法有均匀变异以及高斯变异等。简单介绍一下均匀变异方法。均匀变异是指用随机数以相对较小的概率来替换个体编码串中基因上原有的基因值，其中，随机数满足某一范围内的均匀分布，它的操作过程如下：

① 按照次序指定编码串中的每个基因座为变异点；

② 所有的变异点以变异概率从对应基因的取值范围内选取一个随机数来替代原有的基因值。

（6）选取适应度函数

遗传算法中，需要一个准则来判定个体的优劣程度，我们把这个准则称为适应度函数。适应度函数是遗传操作进行的依据，它是根据求解的目标函数变换的，适应度函数总是非负的。在实际的应用中，适应度的大小作为我们判断个体是否保留的依据。

（7）设置停止条件

算法的停止条件为达到设置的种群迭代数，也就是算法的迭代次数。

（二）结合空间邻域信息的 FCM 算法

FCM 算法在分割图像时，由于未考虑空间邻域信息，所以在分割时特别容易受到噪声的影响，分割效果不太理想。在算法的目标函数中添加空间邻域信息，能较好地解决噪声敏感问题，取得更优的分割效果。本书提出的改进算法是在添加了空间邻域信息的 FCM 算法的基础上，利用遗传算法获得优化的初始聚类中心，避免算法陷入局部收敛。

1. FCM_S 算法

FCM 算法聚类时没有考虑任何空间信息，因此存在噪声敏感问题。在FCM 算法的目标函数中添加空间邻域信息，提出 FCM_S 算法。该算法在很大程度上减小了噪声对图像聚类的影响，从而可以取得更好的结果。

比较 FCM 算法和 FCM_S 算法的目标函数式可以发现,后者对噪声的处理效果更好。因为在聚类过程中,后者不仅考虑图像的灰度信息,还增加了对邻域信息的考虑。因而 FCM_S 算法对图像中的孤立点和噪声有较好的处理效果,相较于传统的 FCM 算法而言,该算法有明显的优势。使用此算法分割图像,可以取得比传统 FCM 算法更好的效果。

2. FCM_S1 算法和 FCM_S2 算法

FCM_S 算法由于添加了空间邻域信息,增加了大量的计算量。每一次循环都要对空间邻域信息进行一次计算,耗费了大量时间,算法的运行效率也大幅度降低。虽然算法可以取得较好的分割效果,但是时间成本相应提高了很多。在预处理步骤中,如果采用均值滤波进行预处理,则把它称为 FCM_S1 算法;如果采用中值滤波进行预处理,则被称为 FCM_S2 算法。

由于使用滤波技术对 FCM_S 算法进行预处理,所以得到的 FCM_S1 算法和 FCM_S2 算法的抗噪性能有所保证,而且算法的效率也有所提升。FCM_S1 算法使用的是均值滤波技术,可以很好地处理含高斯噪声的图像,然而对含椒盐噪声的图像的分割结果不太理想。相比较而言,采用中值滤波思想的 FCM_S2 算法的抗噪性能要优于前者,它对含有椒盐噪声和高斯噪声的图像都可以很好地处理,尤其是对含有椒盐噪声的图像,分割效果更好。本书提出的改进算法是在 FCM_S2 算法的基础上,利用遗传算法获得优化的初始聚类中心,避免算法陷入局部收敛。

(三)融合遗传算法的改进 FCM 算法

传统 FCM 算法是局部搜索优化算法,它的初始值直接影响着算法的效果。遗传算法由于具有趋于全局最优的智能性,所以在很多方面都得到了有效运用。由遗传算法优化 FCM 算法的初始值是可行的,它经过选择、交叉、变异等遗传操作,使算法一步一步趋于最优解,从而得到 FCM 算法优化的初始聚类中心。因此本节把遗传算法与结合了空间邻域信息的 FCM 算法即

FCM_S2 算法融合，提出 FCM 的改进算法。该算法不但可以提升算法的全局寻优性能，避免局部收敛，而且还能提升算法的抗噪性。

1. 算法分析

（1）编码

编码是前提条件，编码方式的选择会对算法的最终结果产生很大的影响。本书算法使用以聚类中心为基因的浮点数编码方式，可以拥有相对高的精度和相对大的搜索空间，全局搜索能力会更强，而且还可以提高算法的运算效率。浮点数编码指用某个范围内的一个浮点数表示个体的每一个基因值，每个决策变量编码为一个浮点数，浮点数串起来形成一个染色体，即个体（每条染色体代表一个个体）。FCM 算法中的聚类中心就是决策变量，每一个聚类中心相当于个体上的一个基因，所以个体可以表示为 h，h 是聚类的个数。

（2）初始化种群

本书采取随机初始化种群的方法，设随机生成 N 个个体作为初始种群。在本书算法中，随机生成 N 个个体的方法为：从 N 个样本中随机地选择 c 个不同的样本向量，并把选择的样本向量联合编码形成一条染色体，之后再这样操作 N 次，就会产生 N 条染色体，即随机生成了 N 个个体。以这 N 个个体作为初始种群开始迭代。设置进化代数 T，进化代数计数器 $t=0$。

（3）适应度

适应度函数对于不同的算法标准不一样，但是对于 FCM 算法而言，它的目标函数值越小，效果就越好。

（4）选择

为了保证种群中优秀个体不被遗传操作破坏，同时提高种群中最优个体的适应度值，本书使用轮盘赌选择和最优保存策略结合的方法来选择优秀个体遗传到下一代，以此来保证算法的全局收敛，具体过程如下：

① 每代开始的时候，记录当代适应度值最高的最优个体；

② 运用轮盘赌选择方法对所有个体进行选择操作；

③ 进行交叉和变异操作产生新的种群，计算新种群中各个体的适应度值，找到适应度值最低的最差个体，用① 中记录的最优个体替换它，从而产生下一代的种群。

（5）交叉

交叉算子，可以解释为两个配对的染色体，以特有的方式交换一部分基因，以此来产生新个体。交叉是产生新个体的主要因素。

（6）变异

对于由浮点数编码方式所表示的个体，采用均匀变异算法，会取得较好的结果。所以，本书算法的变异操作采用均匀变异的方式。

2. 算法流程

本书算法针对传统 FCM 算法中存在的问题，由遗传算法优化初始聚类中心，然后通过 FCM_S2 算法来进行聚类，完成图像分割。

（四）结合三通道的改进 FCM 算法

用传统的 FCM 算法分割彩色图像时，算法易陷入局部收敛，同时也存在噪声鲁棒性差、分割效果不理想的问题。而且由于传统 FCM 算法分割彩色图像时，采用的是 RGB 色彩空间，RGB 色彩空间是面向设备的空间，R、G、B 三个分量的相关性很强，不适于三个分量独自运算，所以分割效果不是很好。因此本书把彩色图像从 RGB 颜色空间转换到 Lab 颜色空间中来进行彩色图像的分割，因为 Lab 颜色空间和设备无关，是最均匀的颜色空间，而且此空间颜色被设计为欧式距离，可以和 FCM 算法更好地结合运用。把上述改进算法应用推广到 Lab 颜色空间中进行彩色图像分割，改善传统 FCM 算法分割彩色图像所存在的问题。

传统彩色图像分割方法是整体对图像进行分割的，而本节采取分别在

Lab 空间的 L、a、b 三个通道上进行分割，然后再融合的方法。算法首先把彩色图像从 RGB 颜色空间转换为 Lab 颜色空间，然后分别在 L、a、b 三个通道上通过上述改进算法分割图像，即用遗传算法获得优化的初始聚类中心，再由 FCM_S2 算法进行聚类分割，得到三个初始分割结果。最后融合这三个通道的分割结果，获得最终的图像分割结果。

1. 空间转换

由于 RGB 颜色空间不能直接转换为 Lab 颜色空间，所以首先把 RGB 颜色空间转换为 XYZ 颜色空间，然后再把 XYZ 颜色空间转换为 Lab 颜色空间。

2. 初始分割结果

目标函数为某式（原文未明确写出），设置聚类个数，用遗传算法优化获得聚类中心，FCM_S2 聚类得到分割结果。

3. 融合分割结果

直接对得到的三个初始分割图像中的各对应像素分别进行加权平均的简单处理，然后进行融合，得到最终的分割结果。记在 L、a、b 三个通道上得到的分割图像为 L（m，n）、a（m，n）、b（m，n），图像大小为 $m×n$，融合后的图像记为 R（m，n）。本书首先研究了遗传算法和添加了空间邻域信息的 FCM 算法（FCM_S2 算法），之后提出了融合遗传算法和加入空间邻域信息的 FCM 算法，对算法进行了详细介绍。两种算法的融合可以在进行图像分割时取得较高质量的分割效果，鲁棒性也更强。最后提出了一种结合三通道改进的 FCM 算法的彩色图像分割方法，该方法首先把彩色图像从 RGB 颜色空间转换为 Lab 颜色空间，再利用遗传算法获得优化的初始聚类中心，分别在 L、a、b 三个通道上进行聚类，得到三个初始分割结果，然后再融合这三个通道的分割结果，获得最终的图像分割结果。

第四节 传统的特征提取方法

伴随着微电子、计算机和信息技术等领域的飞速进步和广泛应用，传感器技术也经历了飞速的发展，更多的应用系统开始配备多种传感器以适应实际的环境需求。因此，研究人员面临的一项重要任务是如何充分利用多个传感器所包含的丰富数据，以确保系统的可靠性和卓越性能。多传感器包含的信息具有多样性、复杂性和冗余性，大部分应用环境需要对信息进行实时处理，单靠人工是无法实现的，因此需要利用计算机进行计算，实现特征的融合。多传感器信息融合的定义是，对来自多个不同传感器的数据进行多级、多维度和多层次的综合处理，以便获取更为丰富、精确和可靠的实用信息。

多传感器图像特征的融合实际上是多传感器信息融合技术的一个子领域。多传感器图像特征融合的核心理念是，通过利用不同输入信道下图像特征信息的冗余性和互补性，运用特定的特征提取技术，对两个或更多的不同传感器图像进行特征的提取和整合。这样做可以使融合后的目标特征向量更全面地描述目标特征，从而提升目标识别系统的可靠性。比如说，可见光传感器对于图像亮度的微小变化非常敏感，它能够很好地展现图像的对比度和纹理细节，还能从灰度图像中提取边缘和纹理的特征。红外传感器能够捕捉到目标和场景的红外辐射属性，它可以在任何天气条件下进行监控，并能够提取图像的形态特征。通过利用可见光和红外图像之间的互补性，我们可以分别提取同一场景下可见光和红外图像的独特特征，从而得到一组目标融合特征量，进而进行目标的分类或识别。

随着科技的不断进步，多传感器的应用逐渐增多，这将是未来的发展方向。在多传感器应用中，目标识别被视为一个关键领域。特征的提取被视为目标识别中的核心技术，它对目标是否能够被准确地识别起到了决定性的影响。不管选择哪种融合技术来实现自动的目标检测，关键在于特征的提取。

目标所具备的核心特性是其最根本的属性，这也是该目标与其他种类目标区分开来的最根本的特点。在真实的目标识别应用中，如何将目标特性转化并提取出能够完整描述目标的特性，是确保目标识别的实时性和准确性的核心问题。特征提取作为目标识别过程中的一个核心环节，旨在获取一组能够精确描述目标特性的"少而精"的分类特征向量。通过对图像中的目标进行特征提取，我们可以显著减少多余的信息，降低系统的计算负担，从而提高识别系统的稳定性和可靠性。

在现有的目标识别系统中，常用的特征有角点特征、矩特征、纹理特征、变换特征、统计特征等。

一、角点特征

在形状分析中，目标轮廓上的角点是形状常用的特征。相对于其他特征量而言，角点特征不受目标遮挡、缺损的影响，因此角点特征在目标识别中非常重要。SUSAN 提取算子的基本原理是，与每一图像点相关的局部区域具有相同的亮度。

在目标识别中，角点特征应用广泛。卢汉清等人把形心到相邻两角点的直线所成的夹角作为特征量用于目标识别。有学者把角点与线矩融合用于缺损目标识别，有较高的识别率。由于检测角点时容易出现漏检，通常利用角点和其他特征相结合，可以取得较好的识别效果。曹健等人提出了一种具有不变性的角点构造方法，用于目标识别中。

二、矩特征

矩特征主要表征了图像区域的几何特征，又称为几何矩。矩特征被广泛应用于图像识别、模式识别等方面。矩信息包含了对应图像不同类型的几何特征，如大小、形状、角度、位置等，一个轮廓矩代表一个轮廓、一幅图像、一组点集的全局特征。

三、纹理特征

图像的纹理是图像像素值在灰度空间上的重复和变化，或是反复出现的局部纹理模式及其排列规则。纹理特征是图像的最基本特征，并在视觉系统中起着关键作用，为图像理解和分析提供了重要信息。

四、变换特征

图像变换特征就是首先把图像变换到频域，利用频域中变换系数的相关性来识别目标。在图像有随机噪声时，不影响变换特征的分类效果，较为常用的傅里叶变换就是利用图像频谱特征。

五、统计特征

基于统计参数特征的目标识别方法是将图像视为一个二维随机过程的一次性实现，这样就可以利用各种统计参数来描述图像的特征，这些统计参数包括均值、方差、能量、熵等特征量。目前，无论是国内还是国外，计算机视觉、模式识别和人工智能等多个领域都对图像目标特征的提取和应用进行了深入的研究，并且取得了迅速的进展，其中一些研究成果已经显示出初步的实际应用价值。随着对遗传算法、神经网络、形态学、统计学和小波理论等领域的深入研究和广泛应用，图像目标特征提取的发展方向如下。

（一）多种特征融合

除了充分利用图像的原始灰度属性，我们还可以借助图像的高级特征，例如视觉属性、统计属性和变换系数属性等，通过这些特征的结合，我们可以更深入地描绘图像的目标，并从中提取出更为精确的特征。多种特征的融合技术已经被广泛领域所采用。例如，一些学者尝试将小波能量信息特征与图像矩特征相结合，用于制导武器红外图像的目标识别。研究结果显示，这种方法具有很高的应用价值。将基于显著性特征提取的目标识别方法与序贯

融合方法结合，可以用于飞机目标的识别。

（二）多种提取方法结合

由于目标的多样性和复杂性，单一的特征提取方法难以对含复杂目标的图像进行特征提取。在这种情况下，除需要利用多种特征的融合外，还需要将多种提取方法结合使用，使提取方法充分发挥各自的优势，避免各自的劣势。

（三）多种传感器融合

由于不同传感器描述目标的多样性，采用单一传感器不能全面、准确描述目标，需要利用多种传感器的互补特性，提取目标的不同特征，进行多传感器特征融合，全面描述目标特征，提高识别系统的鲁棒性和识别率。

（四）与图像分割方法相适应

鉴于图像目标的多元性和多种应用场景的复杂需求，图像特征的提取应与图像分割技术相融合。针对特定的提取需求，应选择最合适的分割方式，以实现最优的图像识别效果。

鉴于图像目标特征的多样性和复杂性与图像分割是相互关联的，目前的技术手段并不能完全满足实际应用的需求。一些核心问题仍需深入探讨，并且还没有一个统一的、适用于所有模式识别的特征提取技术。尽管不同的特征提取技术在提取效率和处理速度上都有其独特之处，但在通用性、效能、准确性和自动化水平上仍存在诸多短板。因此，在图像目标特征提取技术的研究方面，我们需要投入更多的精力和关注。

六、一般传统的特征提取方法

鉴于图像目标的多样性和复杂性，寻找能够准确且全面地描述目标特征信息的图像目标特征，并从中提取这些特征，已经成为解决图像目标识别难题的核心步骤。通常情况下，各种传感器采用不同的特征描述方式，因此特征的提取技术也会有所不同。特征的提取和选择实际上是对经过预处理的图像目标数据进行降维和去粗取精的操作。鉴于原始图像的数据量极为庞大，为了能够迅速得出目标识别的结果并降低计算负担，有必要将这些庞大的数据转化为多个特征参数，这一过程被称为特征提取。为了提升特征识别的速度和准确性，我们还需要对提取出的特征进行降维处理，选择信息冗余较少的特征量，这些特征量还应具备比例、旋转和位移不变性等特点，以增强提取方法的鲁棒性。

在进行目标特征的提取过程中，我们需要确保所提取的特征能够最大程度地体现目标的核心和基本属性。关键的特性是，利用它们作为特征成分，可以实现同类目标的聚集和异类目标的分散。本源特征指的是特征具有很强的绝对性，并且在提取目标特征时尽量不受条件和环境的影响。这两个特性意味着，所提取的特征在相同类型的目标上应具有唯一性和稳定性，而在不同类型的目标之间则应具有区分性。特征的抽取与筛选构成了目标识别的中心环节，同时也是分类器能够准确鉴别目标的基础条件。确保提取出的目标特征具有稳定性、可靠性和实用性，是整个识别算法能够成功执行的决定性因素。

（一）经典的特征提取方法

图像的二维特征有形状、区域和纹理等特征。不同特征描述具有不同的提取算法。

1. 形状特征

在图像分析里，形状特征是描述图像中目标的重要依据，它反映的是目标的几何特征。根据几何形状的不同，形状特征可分为线形特征和块状特征。下面为你详细介绍几个常用的形状特征参数及其作用。

（1）周长、长宽比、复杂度、面积

长宽比：目标的长宽比是衡量目标形状的一个重要指标。它通过计算目

标最小外接矩形的长和宽的比值得到。这个比值非常实用，能帮助我们区分不同几何形状的物体。例如，长方形和正方形，它们的长宽比是不一样的，长方形的长宽比通常不等于 1，而正方形的长宽比恒为 1。假设目标最小外接矩形的长用 L 表示，宽用 W 表示，那么长宽比 ψ 就等于 L/W。

周长和面积：目标的周长指的是目标边界的总长度，就好比你沿着一个物体的边缘走一圈所经过的路程。而面积则是目标区域内像素的总数，它代表了目标在图像中所占的大小。这两个参数结合起来，能简单又有效地把形状复杂和简单的物体区分开。一般来说，对于相同面积的物体，形状越复杂，它的周长就越长。我们设目标周长为 C，面积为 S。

复杂度：目标形状的复杂度是通过目标周长的平方和面积的比值来计算的。这个指标很直观地反映了目标形状的复杂程度。目标形状越复杂，在相同面积的情况下，它的边缘就会越长，相应的复杂度也就越高。而且，经过数学公式证明，这种目标复杂度的定义和场景到镜头的距离没有关系。打个比方，假如目标在横、纵坐标方向上按缩放因子 k 进行了平移，目标面积会变为原来的 1/k，周长变为原先的 1/k（原文此处"1/h"可能有误），但把这些变化代入复杂度的计算公式后，会发现形状复杂度是不变的。

（2）矩特征

为了使用矩特征描述图像，首先会对图像进行二值化处理，也就是把图像转变为只有两种值的形式。在这个二值化图像里，目标区域内的像素值都设定为 1，而目标区域外的像素值则都设定为 0。基于这个二值化图像，矩特征可以为我们提供关于图像目标的关键信息。通过计算不同类型的矩，能得到各种各样的特征向量。在实际应用中，主轴和重心是比较常用的矩特征。主轴特征可以帮助我们了解目标的主要方向，而重心特征则类似于物理上的重心概念，它代表了目标区域的质量中心位置，通过重心我们可以知道目标在图像中的大致位置。这些矩特征能帮助我们更好地描述和区分不同的图像目标。

（3）傅里叶描述

当我们要分析图像目标的形状时，傅里叶描述是一种很有效的方法。具体做法是，先跟踪目标的边界线，这条边界线是封闭的曲线。然后把这条封闭曲线展开成傅里叶级数。傅里叶级数展开后会得到一系列的系数，这些系数就可以用来表示目标的形状特征。除了前面提到的这些特征之外，还有一些具有连通性的特征参数也能用于表示图形特征，比如欧拉数、孔数、连接成分数等。欧拉数可以反映图形的拓扑结构，孔数能让我们知道目标中孔洞的数量，连接成分数则表示目标被分割成了几个相互连接的部分。这些参数从不同的角度为我们描述图像目标的形状提供了信息。

2. 区域分割

在图像分析与处理领域，区域分割是一项至关重要的基础任务，其核心目标在于将图像中的对象物区域精准地从背景中分离出来，以便对特定对象进行深入的分析、识别和处理。以下将对不同的区域分割方法展开详细阐述。

（1）简单分割方法：二值化处理

最为简便且直接的区域分割手段是对图像实施二值化处理。该方法的关键在于合理选取阈值，通过设定一个明确的灰度界限，将图像中的所有像素划分为两类，通常分别对应前景（对象物）和背景。然而，阈值的确定并非易事，其选取的恰当与否直接决定了分割结果的准确性和可靠性。若阈值选择不当，可能会导致对象物与背景的误判，使得分割后的图像无法真实反映原始图像的结构信息。

（2）复杂分割方法

区域扩张法：区域扩张法是一种基于区域特征相似性的分割策略。该方法首先将图像划分为众多小区域，然后依据这些小区域的特征相似性，将图像逐步分割成具有相似特征的连续区域群。根据区域形成过程的差异，区域扩张法又可细分为合并、像素结合等多种具体方法。其中，合并法是较为常用的一种实现方式，其基本原理是将图像均匀分割为 NR×N 的子区域，随后对相邻的小区域进行细致的相似性分析。若相邻小区域的特征相似性达到一定程度，则将它们合并为一个更大的区域。这一合并过程会不断重复进行，

直至所有相邻小区域之间不再具有足够的相似性，无法继续合并为止。

聚类算法：聚类算法是一种基于模式识别理论的区域分类方法。该方法将图像中的像素视为一种特定的模式，通过将这些像素映射到特征空间中，利用分类算法对其进行分类。在实际应用中，为了提高算法的效率和准确性，通常会采用小区域代替单个像素进行分析，这样可以减少计算量，同时更好地捕捉区域内的整体特征。此外，有时还会使用一维投影代替多维特征来进行目标区域的分割，这种简化处理方式可以在一定程度上降低算法的复杂度，提高处理速度。

3. 一般传统纹理特征

纹理作为图像区域的典型特征之一，能够反映区域的表面结构和视觉特性，在图像分析、识别和分类等领域具有重要的应用价值。以下将对几种常用的传统纹理特征进行详细介绍。

（1）直方图特征

直方图特征主要包括纹理区域的灰度直方图、方差和平均值等统计量。灰度直方图能够直观地展示图像中不同灰度级别的像素分布情况，反映了图像的整体亮度特征；方差则衡量了像素值相对于平均值的离散程度，体现了图像的对比度信息；平均值则代表了图像的平均亮度水平。然而，直方图特征存在一定的局限性，它只能提供图像灰度的一维统计信息，无法反映纹理的二维灰度变化情况。因此，在实际应用中，通常需要对直方图特征进行进一步的处理，并结合其他特征进行综合分析，才能更全面、准确地描述纹理特征。例如，可以引入二维统计量、能量、惯性矩等特征量，以增强对目标的识别能力。

（2）傅里叶特征

纹理特征不仅能在空域（也就是图像的空间域）里描述，还能在频域中提取。对图像进行傅里叶变换，可把图像从空域转换到频域，进而得到图像的频率信息。具体来说，先计算图像的傅里叶变换的功率谱，然后将其转换为一种包含角度信息的形式。之后，可以利用该形式相关参数的波峰大小和位置，以及这些参数的方差和平均值等统计量作为纹理特征。这些特征能有效反映纹理的频率特性和周期性，为纹理分析和识别提供重要依据。

（二）仿射不变矩的构造

一些学者提出，不变矩在平移、尺度和旋转方面具有不变性。然而，当拍摄角度发生变化，导致图像出现扭曲或其他变形时，这三种不变性就无法满足需求。因此，有必要构建一种在目标出现扭曲、拉伸等仿射变换条件下仍具有不变性的矩。这一特性适用于在不同的摄影角度下进行目标识别。仿射变换是线性变换的一个经典例子，它是基于多种线性变换来构建的，其中尺度、平移、伸缩、旋转和扭曲这五种变换被视为仿射变换的特定情况。从仿射变换的角度来看，如果一个特定的特征量在不同的尺度、平移、伸缩、旋转和扭曲条件下依然保持不变，那么我们可以将其视为仿射不变量。

从之前的描述中我们可以明白，归一化中心矩在比例、平移和旋转上都展现出了不变的特性。如果采用归一化中心矩来构建仿射不变矩，只需确保其具有扭曲和拉伸的不变性，便能实现仿射变换的不变性。我们有能力构建中心矩多项式来中和仿射变换矩阵 A，从而满足常见的仿射不变性需求。构建多项式的技术手段包括配极多项式、Hankel 行列式以及多项式判别式等。

（三）共生矩阵

纹理反映的是图像的空间分布、灰度统计和结构信息。它是由一定大小和形状的像素集合组成的，是大多数图像都具有的特性。纹理特征提取是指通过检测算法，检测出纹理基元并建立纹理模型，最终用特征量来描述。灰度共生矩阵是典型的纹理特征提取方法。它由两个位置像素的联合概率密度来定义，反映像素亮度特性及其像素之间的位置关系。

共生矩阵表示像素空间的关系和依赖程度。设灰度共生矩阵中某一元素的两个像素灰度值分别为 i 和 j，它们之间的距离为 d，方向为 θ，那么共生

矩阵的值就是满足以上条件的像素的个数。实际中，θ 一般选为 0°、45°、90°、135°。图像的灰度级一般为 256，实际计算中远小于它。因为若矩阵维数过大，窗口较小，那么共生矩阵表示纹理的效果不好；若窗口较大，维数小，这样会大大增加计算量，降低了实时性。所以在计算时，首先需要降低维数或减小灰度级。

七、低层特征提取分析

低层特征主要是对图像中的内容进行描述，比如颜色、亮度、纹理、形状、像素空间分布等属性。图像处理与模式识别已经发展了几十年，也提出了许多基于人工设计的低层特征。常见的低层特征有颜色直方图、Haar-like 特征、GIST 特征、Gabor 特征、局部二值模式（Local Binary Patterns，LBP）、梯度方向直方图（Histogram of Oriented Gradient，HOG）以及基于兴趣点检测的局部描述子等。

颜色特征具有表达直观性、易提取、尺度变化不敏感性以及计算量少等优点。RGB 与 HLS 是较为常用的颜色特征空间。Haar-like 特征反映了图像的灰度变化，最典型的例子就是 Viola 和 Jones 将 Haar-like 特征应用于实时人脸检测。GIST 特征描述了图像的全局空间结构信息，但忽略了图像的细节纹理结构。在一些室外场景的图像分类中，GIST 特征可以获得不错的性能，但对室内场景的分类性能却表现较差。Gabor 与 LBP 特征常用于描述图像的纹理并反映图像中的同质现象与内在特性。Gabor 小波对图像的光照变化具有不敏感的特点，可以在不同方向、不同尺度上对图像进行描述，使得 Gabor 小波被广泛应用于纹理表示、人脸识别等领域。

LBP 特征是一种用于描述图像纹理的算子，该算子衡量了图像中每个中心像素点与邻近像素点之间的关系，具有简单、高效、易实现的优点。LBP 带动了纹理表示的研究热潮，尤其是人脸的局部纹理描述，相应地，也发展了许多关于 LBP 的变种方法。

HOG 是一种用于描述目标形状的特征，它可以获得目标在几何与光照变化下的稳健描述，HOG 的核心是目标的局部外观变化能够有效地被图像梯度方向的分布所描述。基于兴趣点检测的局部描述子包含兴趣点检测与兴趣点描述两个步骤。常用的兴趣点检测方法有 DOG，Harris，Hessian 等。除了兴趣点检测，也可以采用稠密提取的方式来获得图像中的感兴趣区域。常用的兴趣点（或感兴趣区域）描述方法有 Lowe 提出的 SIFT 特征。本质上，SIFT 特征是基于图像梯度方向直方图的描述。

在 SIFT 基础上，也发展了一系列类似的局部描述方法，如降低描述子向量维度的 PCA-SIFT，改进兴趣点邻域空间划分的 GLOH，加速 SIFT 特征提取与匹配效率的 SURF 等等，可参考相关的最新研究进展。除了人工设计的低层特征，也有采用特征学习的方式来获得低层特征的图像表示方法，比如学习卷积核。典型的代表是斯坦福大学提出的基于单层网络结构的无监督特征学习框架，该框架包括特征学习、特征提取与监督分类三个阶段。在特征学习阶段，首先从无标签的图像数据中随机采集大量的局部图像块，然后利用无监督聚类学习大量的感受野（或卷积核）。在特征提取阶段，首先按照一定的规则对输入图像进行卷积提取，然后结合特征池化操作获得低维的全局图像表示。上述过程中，感受野学习是整个框架的核心。

感受野学习的方式有许多种，比如 k-means，稀疏编码，稀疏受限玻尔兹曼机，稀疏滤波等等。除了无监督特征学习，基于监督训练的卷积核学习的学习过程是以训练样本之间的 L2 距离为相似性度量准则。首先，建立一个最优化的目标函数，使得类内样本的 L2 距离最小并且类间样本的 L2 距离最大，这样的优化目标有利于模式分类问题；然后，将目标函数的求解过程转换为通用的特征值与特征向量的求解，进而得到具判别力的卷积核。人工设计的特征大多是根据视觉系统对什么类型的特征敏感，来设计相关的颜色、形状或者纹理特征。然而，目前多数一流的特征提取方法都采用层次性的线性与非线性变换来模拟视觉系统的信息处理机制，比如深度学习的卷积、池化与归一化操作，扮演着近年来模式识别领域最为重要的角色之一。虽然深度学习描述了图像从低层到高层的抽象表示过程，但不一定在一些中

小型数据集上非常有效，这使得低层特征描述仍然是一个重要的突破点，而采用更加符合视觉信息处理机制的皮层操作来设计特征则是一个更加值得研究的方向。另外，在单层网络结构下，有学者指出，当学习的特征数量越多，图像表达能力越强。但是，特征表示的维度与冗余度也大大地增加，如何有效地降低特征表示的维度也是一个亟待解决的问题。

八、中层特征提取分析

低层特征提取大多是基于图像局部空间结构的描述，其泛化性能往往比较差，并且无法有效地描述如包含多种不同类型目标在内的场景图像。中层特征指的是对低层特征进行矢量量化或编码，与低层特征相比，中层特征具有更好的语义描述能力。词袋模型（Bag of Words，BOW）是一种最为典型的中层特征表示方法，BOW 将图像看作是一些基本特征的集合，通过对这些特征进行聚类，从而生成视觉词典，进而实现图像的特征统计与表达。BOW 的优点是无需分析图像内部的具体目标组成，只需根据场景的低层特征建立视觉单词，然后利用相关模型来分析图像中所包含的内容。在过去的十几年中，研究者们对词包模型进行了广泛的深入研究，并从图像块的划分、局部特征提取、视觉单词的构造、特征编码方法等多个方面进行了大量的分析。

一些典型的概率生成模型，如概率潜在语义模型和潜在狄利克雷模型，也相继地应用于 BOW 的研究中。概率生成模型方法的优点是可以很好地实现视觉单词的二次抽象，缺点是算法的复杂度比较高。由于 BOW 是对图像提取的所有局部描述子进行统计分布并生成全局表示，这样的全局表示容易丢失图像的细节信息。

BOW 是对图像的低层描述子进行 k-means 聚类并采用与描述子最近的聚类中心进行编码表示。VLAD 与 BOW 类似，只考虑了离描述子最近的聚类中心，但 VLAD 也保存了每个描述子到最近邻聚类中心的距离。在词袋模型框架下，也有一些其他的相关研究，如怎样进行有效的词典学习等。视觉词典的构建是中层特征编码中非常重要的一部分，好的视觉词典是建立在可区分性较强的低层特征基础之上，低层特征提取的好坏决定了中层特征的表达能力。大多数中层特征编码方法采用的是形状特征。然而，单一的特征线索常常难以描述内容丰富的图像，并且，多数中层特征编码方法对图像仿射形变的抗干扰性也较差，其主要原因也是因为低层表示不具有仿射不变性。因此，从图像的多种特征线索与仿射不变性描述的角度，开展从低层提取到中层表示的特征提取研究，是缩短语义鸿沟的一条有效途径。

九、深度特征提取分析

深度学习是目前最流行的一类机器学习方法，它源于 Hinton 在《Science》杂志上发表的一篇利用神经网络对数据进行降维的研究论文，该论文主要有两个观点。

1. 多隐层的人工神经网络可以对数据进行更加本质的描述，具有比较优异的特征学习能力。

2. 深度神经网络在训练上的难度可以通过"逐层初始化"的方式来克服，而"逐层初始化"则是通过无监督的学习方式来实现。

CNN 以卷积、特征池化、归一化作为神经网络的最基本操作，是机器学习领域最热门的研究方向之一，由此也发展了一系列的开源框架与网络模型。典型的开源框架有 Caffe、MatConvNet 等，典型的 CNN 模型有 VGGNet、VGG-VD、GoogLeNet、OverFeat、PCANet、DCTNet 等。Caffe 是伯克利大学视觉与学习中心发布的一个清晰而高效的深度学习框架，具有上手快、速度快、模块化、开放性等优点，因而受到了非常广泛的关注。MatConvNet 是牛津大学视觉几何组（VGG）发布的用于计算机视觉领域的卷积神经网络 MATLAB 工具箱，为研究人员提供了一个友好和高效的开发环境。MatConvNet 可以学习许多类型的深度网络结构，如 AlexNet 等，相关网络结构的预训练模型可从其主页下载。Chatfield 等人对比分析了在速度与精度之间折中的 VGG-F、VGG-M 与 VGG-S 三种类型的 VGGNet 网络。VGG-F 的优点是速度快，但与计算效率较低的 VGG-S 相比，精度上存在劣势。

CNN 结构 VGG-VD 分为 VGG-VD16 与 VGG-VD19 两种，其中 VGG-VD16 包含 13 个卷积层与 3 个全连接层，而 VGG-VD19 包含 16 个卷积层与 3 个全连接层。与 AlexNet、VGGNet 等模型相比，VGG-VD 在精度上存在优势，但卷积层数较多，导致 VGG-VD 的计算效率相对较低。在 VGG-VD 的基础上，也发展了如 VGG-Face 这类应用于人脸表示的深度网络模型。GoogLeNet 是一个为了提升计算资源的利用率，在保持网络计算资源不变的前提下，通过增加网络的宽度和深度而设计的 CNN 模型。GoogLeNet 模型包含 22 层，比 AlexNet 模型参数少了 12 倍，但图像识别的准确率更高，因而也获得了 ILSVRC 比赛的冠军。OverFeat 包含精确版和快速版两个网络结构，精确版的网络结构较大，计算速度慢，但精度高；快速版的网络结构较小，计算速度快，但精度低。

PCANet 是一个比较简单的深度学习框架，主要由主成分分析（Principal Component Analysis，PCA）、二值化哈希编码和分块直方图等几种基本的数据处理方法构成。在这个框架中，首先采用 PCA 来学习多层滤波器核，然后使用二值化哈希编码以及块直方图特征进行采样和编码。多层滤波器核的学习也可以通过随机初始化与线性判别分析（Linear Discriminant Analysis，LDA）来获得，进而形成 PCANet 的变种模型 RandNet 与 LDANet。随着深度学习的高速发展，一些开源深度学习框架开放了许多在大型数据集如 ImageNet 上预训练好的 CNN 模型，这些模型具有良好的通用特性。如何更加有效地利用这些预训练模型，比如将具有互补性的模型进行组合、深度特征的低维表示，是获得高精度图像识别性能需要进一步深入研究的问题之一。

十、神经元群编解码特征提取分析

率编码与时态编码是两种最常见的编码方式，大多数对神经网络的研究都是基于神经元的率编码模型。为了模拟神经元群的时态编码，有学者提出了时态神经元群编码（TPC）。该编码模型采用二维空间上稠密分布的

Integrate-and-Fire（IF）神经元，构造了一种无需训练的网络模型，以模拟邻近神经元之间延时兴奋传递的脉冲编码过程。TPC 应用于图像表示时，模型输出的时态特征（脉冲模式）具有平移不变性，该模型已初步应用于人工生成的二值图像目标、手写字符识别、人脸识别等领域。

虽然 TPC 编码输出的时态特征具有不变性，但时态特征的计算是统计神经元群在每个时刻的脉冲发放总数（或称全局池化），这样容易丢失脉冲输出模式的空间结构，从而导致 TPC 在目标表达的模式上比较有限。在 TPC 的基础上，也发展了一些典型的解码方法，比如液体状态机（Liquid State Machines，LSM）与 Haar 小波解码。LSM 解码对噪声比较敏感并且需要大量额外的神经元参与，而且，LSM 也具有较强的参数依赖性与计算耗时性，使得该解码方法并没有被广泛地采用。有学者提出的 Haar 小波解码为 TPC 提供了一种从时态域到空间域的无监督解码策略。Haar 小波解码是对 TPC 输出的时态特征进行不同频率带与分辨率的分解。但是，由于 Haar 小波解码的 TPC 时态特征经过了全局池化处理，使得这样的解码过程也忽略了神经元群脉冲发放模式的空间分布。

第五节　红外和可见光图像特征提取与融合

一、多传感器特征提取

在多传感器数据融合过程中，多传感器图像的融合被视为一个核心环节。图像融合涉及对多个传感器在同一时刻捕获的关于特定场景的图像进行特征的抽取和整合，这种融合后的特征可以更为完整和精确地描绘目标的特性，这是单一传感器所无法达到的效果。图像融合技术旨在更精确、全方位和可靠地捕捉同一场景目标的特性。

多个传感器可以提供相互补充的信息，利用这些信息可以增强多传感器

系统的稳定性，并减少对特定传感器的依赖。鉴于实际应用场景中环境和气候的频繁变动，我们可以充分利用各种传感器的长处，并与其他传感器结合，以实现目标的准确检测和识别。例如，在光照条件如降雨、云层、雾气、烟雾等受限或光照强度偏低的情况下，使用可见光传感器很难检测到目标。此时，毫米波雷达因其强大的穿透能力可用于探测，尽管其图像信号衰减较为明显，但仍能勉强观察到目标。在环境与目标之间的温度差异显著的情况下，红外传感器的热辐射属性可以被用来识别目标，而可见光传感器则可以捕捉到丰富的图像细节，如形状和颜色，从而清晰地展现目标的详细特性。

特征级图像融合是指在图像融合过程中采用的中间级别的方法。首先，该方法根据各个传感器的独特性质，独立地提取出同一场景中不同或相似的特征，例如目标的形状、轮廓和边缘纹理等典型特征。其次，通过应用特定的融合算法，将这些特征整合在一起，这样组合后的特征能够更全面和准确地描述目标的特性。最后，对这些融合后的特征进行目标的分类和识别。特征级的融合技术涵盖了图像的分割、特征的抽取以及特征层的信息整合，这些都是为了后续的目标分类和识别工作。目前，图像融合中常用的特征级方法主要包括：神经网络技术、Dempster-Shafer 推理技术、聚类分析技术、信息熵技术、贝叶斯估计技术、投票技术以及加权平均技术。

可见光传感器与红外传感器是两类广泛应用的图像传感器，但它们在性能和工作原理上存在显著的不同。红外传感器捕获的图像展示了目标和场景的红外辐射属性，这些图像记录了背景和目标的红外辐射强度数据。红外传感器所展现的是背景与目标之间的热辐射能量差异。通常，目标的热辐射能量较高，因此在图像上会显得更加明亮。这使得红外传感器在目标检测上具有明显的优势。然而，红外传感器对场景亮度的变化反应迟钝，导致成像清晰度不高，因此不能有效地提取目标的详细特征；可见光传感器对于目标和场景的反射非常敏感，它可以捕获目标和场景的详细信息，并用于提取目标的细节纹理特征。但是，它对目标和场景的热对比度不敏感，因此很难获取目标的空间位置和结构信息。

二、目标区域分割和检测

从红外和可见光传感器生成的图像特性来看，红外传感器在目标位置检测方面具有较高的能力，而可见光传感器则在目标细节信息的掌握上更为出色。因此，综合这两种传感器的优点，可以用于地面目标的检测和特征抽取，进而应用于分类识别系统。

首先，我们使用红外传感器来检测目标区域，并在此基础上计算目标的最小外接矩形。接着，我们将目标区域映射到可见光图像中，以确定可见光图像中的目标区域。然后，我们对这些目标区域进行了特征提取。由于红外图像具有明显的结构特征，我们首先对红外图像进行了二值化处理，并对处理后的图像进行了形状矩特征提取；在处理可见光图像时，为了更好地捕捉图像的细节，首先需要对目标区域进行边缘检测，然后再对检测后的图像进行边缘特征的提取。最终，我们将从不同传感器中提取的特征进行了特征整合，并使用这些融合后的特征来进行目标的分类和识别。

（一）红外图像的区域分割

通过红外图像的灰度分析，我们发现感兴趣的目标区域与背景中的路面灰度之间的差异并不显著。如果使用简单的阈值分割算法，若选择的阈值过低，路面将被视为感兴趣的目标并被分割，这不仅会增加目标的误报率，还会显著增加后续特征提取的计算量；若所选择的阈值设置得过高，那么分割完成后的目标区域将会变得过小，这将导致目标轮廓特征在可见光图像中的丢失，从而影响目标特征提取的准确性。因此，我们选择了基于区域生长的图像分割技术来对图像中的关注区域进行划分。区域生长法是一种依赖于特定区域的串行图像分割方法，其核心思想是将具有相似灰度级别的像素集合成目标区域。首先，我们需要在待分割的目标区域中寻找一个种子像素点，并将其作为该区域生长的初始点。接着，根据特定的规则，将种子像素周围的像素点与种子像素进行对比，如果它们相同或接近，那么就将它们合并到

种子像素所在的区域中；按照顺序进行比对，直到找不到符合要求的像素点。这将帮助我们确定目标区域。区域生长法的三个重要因素如下：确定能正确代表所需区域的种子像素；制定在生长过程中能将相邻像素包含进来的准则；制定让生长条件停止的条件或规则。

种子像素点选取可根据具体问题进行分析而定。由于红外图像的目标辐射较大，可以选择图像中最亮（灰度级最大）的像素点为种子像素。生长准则的选取与具体问题本身无关，是由所用的图像数据决定的。

本书采用的区域生长法的选取准则如下：第一，种子像素点的选取：选取图像中灰度最亮点作为种子像素点。为了避免将强背景噪声选为种子像素点，在选点之前，对原红外图像进行平滑处理。平滑处理选取的模板为 $\frac{1}{4} \times \begin{bmatrix} 0 & 1 & 0 \\ 1 & 0 & 1 \\ 0 & 1 & 0 \end{bmatrix}$。

第二，生长准则的确定：根据红外图像灰度分布的特点，采用基于区域灰度差的生长准则，即在种子像素点的八邻域内的像素。第三，生长方式的确定：以像素作为基本单位逐行扫描进行操作。

采用区域生长的图像分割算法，不仅避免了采用直方图统计阈值分割方法需要复杂的处理步骤，而且还避免了采用全局阈值分割图像时引入背景噪声的问题。这样提取的目标感兴趣区域更准确。

（二）红外光与可见光图像融合原理

可见光成像传感器与红外成像传感器是根据不同的机理成像的。前者主要是根据物体的光谱反射特性成像，而后者主要是根据物体的热辐射特性成像。因而，通常可见光图像能很好地描述场景信息，而红外图像能很好地呈现目标的存在特性。

红外光图像与可见光图像的特点：红外光图像的分辨率比较低，只能看到轮廓，细节部分有所缺失，但是有热源的地方灰度值会比较高，而且越亮的部分表示物体辐射的热量越多，即使被云雾遮挡，也能体现出来；可见光

图像分辨率较高，与红外光图像相比，可见光图像更加清晰，细节更加丰富，缺点是物体容易被云雾遮挡。因此可以发现，以上两种图像各有优缺点，能够提供互补信息，融合后的图像可以使信息更加详尽丰富、更加可靠，即使在外界条件很恶劣的情况下，也可以得到比较完整的信息。这种融合信息在军事、安检等方面有着极为广泛的应用。

图像融合是一个正在快速兴起且有广泛应用范围的新兴领域。由于目前光学镜头的客观限制，拍摄的图片只能部分聚焦，即聚焦部分图像清晰，其余部分则较为模糊，这样的图像十分不利于人眼观察和计算机进行进一步处理，因此多聚焦图像融合技术是一个亟待解决的问题。对多幅不同聚焦点的源图像，通过图像的融合算法，综合各幅源图像中的有用信息，得到一幅各部分都清晰的融合图像。

融合算法主观评价良好，且在空间频率、信息熵、互信息和平均梯度等方面都优于之前的融合方法，验证了该多源图像融合方法的优越性。融合方法的可行性通过实验进行了验证，但是研究仍有一些不足，希望能够在以后的研究中进行改进。

第一，在进行融合时考虑了邻域内像素对中心像素的影响，即一致性检验，但图像实时性没有得到充分的考虑。在今后的研究中需要进一步改善。

第二，融合方法对于含噪图像的融合，虽然较其他方法对噪声有所抑制，但融合效果仍不理想，在今后的研究中还需对此方向进行深入的研究。

（三）红外与可见光图像预处理

通常情况下，图像传感器可能会受到恶劣天气环境、图像传感器系统的误差或畸变、图像传感器性能下降等因素的影响，图像传感器输出的图像可能会存在一定的退化降质问题，特别针对一些恶劣环境下传感器输出的图像，很容易出现失真。其中预处理方法有：图像增强、去噪等。介绍了图像预处理方法，并通过实验数据分析说明图像预处理对于图像融合的重要性。

1. 红外图像与可见光图像特点

在热辐射信息探测技术中，红外成像技术发展最成熟，它是由红外辐射作用于物体时产生的差异而形成的，通过这种差异，红外图像中物体被区分出来，红外图像的获取不受光线的影响，具备全天候特点。

红外图像的特点是：图像分辨率低，没有色彩与阴影，属于灰度图像，图像缺乏层次感；受到目标热平衡、环境因素的影响，以至于红外图像具备很强的相关性，但对比度不好，呈现的视觉效果不理想；这导致在应用于图像融合、图像目标识别等时会出现误差，红外图像中普遍存在图像目标边缘轮廓不清晰的情况，如果传感器放置较远，受到环境的影响，对比度和信噪比会进一步降低。

可见光图像的特点是：具备很高的分辨率、对比度和丰富的细节信息。可见光图像传感器的原理是：利用物体对可见光具备不同的反射能力形成图像。但是可见光传感器容易受到环境影响，如阳光照射程度低、目标处存在烟雾等，并且不能全天候工作。可见光的辐射波段要短于红外光的辐射波段，故可见光图像拥有更好的空间分辨率。

2. 图像增强

按照某种特定需求，突出人们需要的信息，削弱无用信息。图像增强需要注意以下几个方面：

（1）使增强后图像的纹理细节特性与图像整体清晰度得到提高；

（2）避免放大噪声，不应该出现对图像进行增强后，不相关信息也被放大的情况；

（3）应该更契合人类视觉特性，避免增强图像过度或者过弱。

（四）红外与可见光的第一次融合

1. 自适应 PCNN 算法

脉冲耦合神经网络模型（Pulse Coupled Neural Network，PCNN）可以不

经过学习或者训练，在复杂的图像背景里，提取出人们感兴趣的信息，具有全局耦合性等特点，并且其处理机制、信号形式更符合人类视觉神经系统。PCNN 与人类神经网络有着根本的不同。由于整个模型需要多次反复运算，所以 PCNN 模型的输入，就是上一次模型运算的输出 Y，当然，针对第一次运算，Y 的初始值设为 0。而输入不止一个，输入 Y 的个数由原图像的像素点数量决定，每一个输入都对应一个像素点的数值，我们通过融合算法的规划决定输入对应原图像像素点的个数。相对于输入 Y，F 作为真正意义上的外界输入。如果一个神经元的输入刺激源只有自身（在上一时刻）和周围的神经元，我们需要一个外界的神经元 F 来协助系统处理数据。相对于有很多输入数据，PCNN 模型输出只有一个 Y，Y 属于二值化数据，即原图像中这个像素点经过 PCNN 模型之后，要么是 0 代表没有数据，要么是 1 代表有数据。总的来说，PCNN 模型有三个部分：外界信号刺激、自身神经元记忆、周围神经元干扰。PCNN 模型可以不经过学习或者训练，在复杂的图像背景里，提取出人们感兴趣的信息，针对红外图像的特点，采用 PCNN 对红外图像进行信息提取。在红外图像中，目标信息与背景信息呈现黑白对比，经过点火后，能有效地提取出相对白色的信息，即目标信息。尽管采用 PCNN 经过点火后能有效地分割目标信息与背景信息，但总点火次数能决定分割信息的好坏，总点火次数过大，容易丢失信息，使图像分割效果不理想；总点火次数过少，容易引入无用信息，使图像分割效果不理想；通过引入 OTSU 大津法，使 PCNN 能自适应地分割图像，且图像分割效果最理想。

2. OTSU 大津法

最大类间方差法，即 OTSU 大津法，该算法的最大特点是不需要外界监督，通过自适应的方式去确定最优阈值。通过把 OTSU 与 PCNN 相结合，得到自适应 PCNN 的方法，通过 PCNN 把图像分割，将图像分割成背景图像与目标图像，用 OTSU 计算两个图像的类间方差。当指标变大，表明 PCNN 分割图像效果越好。采用 PCNN 分割红外图像，使目标图像与背景图像分离，

采用 OTSU 计算二者之间的类间方差，当达到最大值的时候，此时分割效果最好。采用自适应 PCNN 算法对目标图像进行提取。PCNN 对红外图像进行目标与背景图像分割，不同的迭代次数，输出不同的分割图像，引入 OTSU 计算经过 PCNN 分割后的目标与背景图像的类间方差，自适应地控制 PCNN 的点火次数，当通过不断迭代使二者之间的类间方差达到最大，得到最佳阈值，此时 PCNN 算法对图像的分割效果最好。

（五）红外与可见光的第二次融合

由初次融合策略可知，原图像通过 NSCT 分解，在低频处，红外图像由自适应 PCNN 分割目标与背景图像，分割后的红外目标图像直接与可见光背景图像进行融合，虽然能充分体现目标特征，但丢失了一半的信息量。如可见光图像中的目标图像区域被忽略，使融合图像信息不完整。在高频处，选取区域方差较大的图像带通系数直接用于融合图像，虽然能充分体现突变信息，但不能体现原图像之间的相互联系性。如红外图像中目标边缘特征明显，相对区域方差大，但在可见光图像中目标图像区域也可能包含了较多突变信息，如果只单一选取一张图像中相对区域方差大的带通系数用于融合图像，使融合图像信息不完整；针对初次融合中的不足，引入第二次图像融合。

第二次融合策略，依据边缘保持度和信息熵，对红外与可见光图像进行第二次融合，融合步骤如下。步骤一：在完成初次融合的基础上，对初次融合图像 F 做三级 NSCT 变换，得到对应的低频子带系数和带通方向子带系数。步骤二：对低频子带系数，为了能有效地补充初次融合图像所丢失的信息，利用信息熵来评价源图像对初次融合结果的信息贡献度。首先，将图像 A、B、F 的低频子带系数进行分块，分块的大小与融合质量有关，分块越大，则融合质量越低。选择 3×3 大小对图像低频子带系数分块，得到分块后的低频子带系数。对于图像的高频部分，为了能充分体现原图像之间的相互联系性，同时为了能有效地增强融合图像在边缘与纹理等突变细节信息，利用边缘保持度来评价初次融合结果对源图像的边缘保留程度。故依据边缘保持度完成第二次图像融合。对第二次融合后所得到的低频子带系数与带通方向子带系数进行逆 NSCT，得到最终的融合结果。

（六）可见光图像区域分割

针对可见光图像难以获得目标区域的问题，利用红外图像能检测目标的优势确定目标区域，然后利用图像配准，将红外图像的目标区域映射到可见光图像中的目标区域。提取的目标感兴趣区域为红外分割后目标轮廓的最小外接矩形。最小外接矩形的确定方法是对二值化后的红外目标图像进行扫描，找到最左边和最右边、最上边和最下边的坐标，这样构成一个矩形。为了避免目标的边缘模糊，在图中各增加了五个像素点。

三、特征提取与融合

特征提取是目标分类识别的前提，特征提取的好坏，直接影响到识别结果。选取时应遵循的原则如下：

第一，在保证目标正确识别的前提下，选取尽可能少的特征参数；

第二，尽量选取计算量小、准确率高的特征参数；

第三，选取的特征量鲁棒性要高，即具有平移、比例和旋转等不变性；

第四，特征量之间的相关性要尽量小。

在特征提取的过程中，提取的特征量应具有独立性、可靠性、数据量少和可区别性的特点，这样才能增强目标识别系统的可靠性和准确性。

根据以上原则，可以提取红外图像的形状特征和可见光图像的边缘特征。特征融合，即把从不同传感器提取的特征，通过某种算法，重新组合成一个新的特征向量，新的特征向量用作后续目标分类和识别的判断依据。特征级融合算法可分为两大类：特征选择和特征组合。将所有的特征量放在一起，用某种方法产生一个新的特征向量，新向量中的元素都是从原向量中选择得到的，称为特征选择，例如，遗传算法。将所有向量直接组合成新向量，称为特征组合，例如，串行和并行融合策略。

（一）串行融合策略

设 A 和 B 是样本模式空间 Ω 中的两个特征空间。对于任意样本 $\Gamma \in \Omega$，相应的特征表示向量为 $A \in \alpha$ 和 $B \in \beta$。串行融合策略将这两个特征表示向量串成了一个大向量 γ，公式如下：

$$\gamma = \begin{pmatrix} \alpha \\ \beta \end{pmatrix}$$

由式可知，若 α 是 n 维的，β 是 m 维的，那么合成的向量 γ 为 $(m+n)$ 维的。因此，所有由串行融合而成的向量，构成一个 $(m+n)$ 维的新特征空间，后续的分类识别就是在这个新特征空间中进行的。

（二）并行融合策略

设 A 和 B 是样本模式空间 Ω 中的两个特征空间。对于任意样本 $\Gamma \in \Omega$，相应的特征表示向量为 $A \in \alpha$ 和 $B \in \beta$。并行融合策略将这两个特征表示向量合成了一个复向量 γ，公式如下：

$$\gamma = \alpha + i\beta$$

式中，i 为虚数单位。需要注意，如果 α 和 β 维数不一致，那么需要对低维的向量补 0。例如，$\alpha=(\alpha_1, \alpha_2, \alpha_3)^T$，$\beta=(\beta_1, \beta_2)^T$，则首先将 β 变为 $\beta=(\beta_1, \beta_2, 0)^T$，然后合成向量 $\gamma=(\alpha_1+i\beta_1, \alpha_2+i\beta_2, \alpha_3+i0)$。

在 Ω 上定义一个并行融合的特征空间 $C=\{\alpha+i\beta | \alpha \in A, \beta \in B\}$。显然，这是一个 n 维的复向量空间，其中 $n=\max(dimA, dimB)$。在这个空间里，内积可定义为：

$$(X, Y)=X^H Y$$

式中，X，$Y \in C$，H 表示共轭转置。

（三）融合遗传算法

遗传算法模仿了生物的进化过程。该算法将问题的可能解编成 0、1 代码串，称为染色体。若给定一组初始的染色体，遗传算法就会利用遗传算子对其进行操作，产生新一代染色体。新一代染色体可能包含了较前代更好的解。每一条染色体都要通过适应度函数去评价其适宜程度，遗传算法的目标是找到最适宜的染色体。

遗传算法主要由四部分组成：遗传算子、编码机制、控制参数、适应度函数。

编码机制是遗传算法的基础。遗传算法不是对研究对象直接进行讨论，而是通过某种编码机制把对象统一表示为由特定符号按一定顺序排成的串。在常用的遗传算法中，染色体由 0 与 1 组成，编码为二进制串，对遗传算法的编码可以有十分广泛的理解。在优化问题中，一条染色体对应一个可能解。

在遗传算法中，用适应度函数来描述染色体的适宜程度，即根据其适应度来评估染色体的优劣。

遗传算法最重要的算子有：选择、交叉、变异。选择的作用是根据染色体的优劣程度决定它在下一代是被淘汰还是被复制。交叉算子是让不同的染色体可以进行信息交换。变异算子就是改变染色体的某个位置上的值。

在实际操作过程中，为提高选优的效果，需先适当地确定某些参数的取值。例如，每一代的群体大小、交叉率和变异率，此外还有遗传的代数，或其他可供确定的指标。

例如，假设 α 和 β 分别表示某一目标的两类不同特征。通过遗传算法，可以得到融合的特征向量 γ，表达式如下：

$$\gamma = f(\alpha, \beta, x)$$

式中，x 为最优染色体。x 的每一位与特定位置的特征成分相关，该位的取值决定了这个位置的特征成分是从 α 选择（值为 1）还是从 β 选择（值为 0）。

第八章　人工智能的典型应用

　　加强社会建设是社会和谐稳定的重要保证。推进教育信息化、医疗卫生信息化、社区信息化、家庭信息化、旅游信息化等社会事业信息化，从数字化、信息化阶段向智能化阶段迈进，构建智慧社会，有利于更好地满足人们日益增长的物质和文化生活需求，保障和改善民生，使城市的广大居民过上更加幸福安康的生活。

第一节　智慧教育与智慧医疗

一、智慧教育

　　教育是民族振兴和社会进步的基石。以教育信息化带动教育现代化，破解制约我国教育发展的难题，促进教育的创新与变革，是加快从教育大国向教育强国转变的必然要求。随着物联网、云计算、移动互联网等新一代信息

技术的飞速发展，教育信息化开始步入智慧教育时代。智慧教育是指通过应用新一代信息技术，促进优质教育信息资源共享，提高教育质量和教育水平。简单地说，智慧教育就是教育行业的智能化，是教育信息化发展的高级阶段。

（一）主要特征

与传统教育信息化相比，智慧教育具有集成化、自由化和体验化三个特点。

1. 集成化

教师在课堂教学过程中，可以集成多种信息资源，使用多种课件和教学软件，使课堂教学更加生动有趣。例如，在数学教学过程中，当讲到某个定理时，可以即时显示发现该定理的数学家的一些情况；在物理教学过程中，可以用一些物理教学软件模拟物理实验过程；在化学教学过程中，可以用一些化学教学软件模拟化学反应过程；在地理教学过程中，可以用 Google Earth 查找地形地貌、实景照片等；在历史教学过程中，讲到某个历史事件，就可以播放该历史事件的相关视频资料，显示历史人物的基本情况。

2. 自由化

在智慧教育时代，学生和普通大众通过移动互联网，可以利用移动智能终端随时随地、随心所欲地学习。课本不再是纸质的，而是电子书。学生背负的沉重书包将被电子书包代替。学习场所不再局限于课堂，学习内容不再受教师讲授内容的限制。这样，终身教育体系才能真正实现。此外，通过采用智能化技术，电子学习转变为移动学习。电子学习系统可以根据学生的学习兴趣、学习能力、学习时间等制订不同的学习计划，生成个性化的学习资料。

3. 体验化

随着虚拟现实技术和 3D 技术的发展，可用计算机生成一个虚拟现实的

学习环境，使学生更直观地理解教学内容。例如，当讲授到北京故宫时，可以让学生通过北京故宫虚拟旅游软件做一次虚拟的旅行，增加学生对北京故宫的直观感受；当讲授到某物理或化学定理时，可以让学生做模拟实验，既可以避免有些实验的危险性，又可以减少实验成本；当讲授天文知识时，可以让学生做一次虚拟的星空旅行，观察一些宇宙现象。

（二）体系框架

教育行业涉及教育主管部门、学校、教师、学生等。相应地，智慧教育包括智慧政府、智慧学校和智慧师生三大部分。

1. 智慧政府

在智慧教育中，智慧政府是指智慧的教育主管部门，如教育部、教育厅、教育局等。教育主管部门通过实施智慧教育工程，提高教育管理和公共服务的智能化水平，支撑教育管理改革。例如，建设智能化的办公自动化（OA）系统、智能化的教育管理和服务系统，为学校办理各项业务提供一站式服务；建立国家教育云服务平台，可实现优质数字教育资源的共建共享。

2. 智慧学校

智慧学校是指在校园管理和服务师生方面提高自动化、智能化水平，包括无线校园、智慧教室、智慧图书馆、智慧实验室等方面的内容。例如，通过建立无线校园，使教职工和学生可以随时随地上网。提高学校各类管理信息系统的智能化水平，对教师和学生进行从入校到离校的全生命周期管理，减少重复输入，提供一站式、个性化服务。

通过建设智慧教室，在电子黑板上实现文字、图片、视频、音频、软件等各种类型教学资料的集成展示，提高教学的生动性，避免以前擦黑板的麻烦。通过建设"智慧图书馆"，根据师生的阅读兴趣、研究方向等提供个性化服务，方便师生检索、阅读各类图书和文献资料。通过建设"智慧实验室"，实现相关设备的联网应用，对实验室环境和仪器设备的运行情况进行在线监测。

3. 智慧师生

智慧教育是增强教师教学能力和学生学习能力的重要手段。在智慧教育中，智慧师生是指信息化装备精良的教师和学生。利用智能手机、平板电脑等智能移动终端，学生可以存储大量电子化的学习资料，包括教学视频、音频、图片、PPT 课件、电子书、论文等；还可以根据需要随时随地下载电子化的学习资料，灵活安排时间学习。

（三）新一代信息技术在智慧教育中的应用

1. 物联网技术

在智慧教育中，物联网技术在电化教育、校园一卡通、校园安防等方面有着广阔的应用前景。例如，在电化教室，可以将教师自带电脑、手机中的资料通过无线网络传到教学主机上进行显示；采用 RFID 技术的校园卡，学生可以很方便地刷卡进入图书馆，或者通过刷卡在食堂就餐、进行学籍注册等；建设基于物联网的校园周界安防系统，可以更好地保障校园的安全。

2. 云计算技术

在智慧教育中，对于大学来说，云计算技术可以用于科研计算，发展电子学习，提升科研能力和科研水平。例如，用于天文观测、生物工程、高分子化学、高能物理、地球科学等领域的海量数据处理；对于中小学校来说，建设教育云服务平台，可实现优质教学资源的共建共享；云计算技术的应用使得欠发达地区、偏远地区无须像以前那样购买大量软硬件，就可以享受教育云服务平台里的优质教学资源，从而促进教育的区域平衡发展。

3. 移动互联网技术

在智慧教育中，移动互联网技术可以使学生随时随地进行学习，掌握学习的主动权。例如，浏览电子书、查看教学视频、收听教学音频等。通过移动互联网，学生可以随时随地与教师进行互动交流；开发教学 App（如掌中

英语 App）供学生下载使用，可以丰富教学手段。随着移动智能终端存储能力的快速提高，可存储的学习资料越来越多，人类将从电子学习时代进入移动学习时代。

4. 大数据技术

随着教育信息化的深入，教育部门和学校的数据量快速增长。在智慧教育中，采用大数据技术，对学校、教师、学生方面的数据进行挖掘、分析，发现隐藏在其中的教育、教学规律，可以使教育行政部门更好地服务于学校，学校行政部门更好地服务于师生。例如，通过分析学生的阅读偏好，可以发现学生的兴趣所在，并适当加以引导。

（四）发展对策

根据信息化发展趋势以及对教育信息化的调查研究和思考，可以把以下几个方面作为发展智慧教育的着力点。

1. 加快教育网络宽带化进程

目前，我国许多中小学带宽明显不足，而且网络设备老化现象比较严重。以上海浦东新区为例，平均每所学校互联网出口带宽不足 2 Mbps，绝大多数学校的接入带宽为 10 Mbps，只能应对带宽要求较低的一般应用，远不能满足区域内开展的教学视频点播、视频会议等涉及大量多媒体的应用需求。多媒体教学的普及、云服务模式的推行，都需要较高带宽。因此，应结合中国宽带计划，提高教育网络带宽水平，推进无线校园建设，为发展智慧教育奠定坚实的基础。

2. 推行教育资源云服务

作为一种新兴的计算模式，云计算技术将对教育信息化建设产生深远的影响。各地中小学应顺应云服务模式的发展，改变传统中小学机房分散建设的局面，以区县或地市为单位推进中小学机房大集中和数据大集中。基于教

育云服务平台，推进优质教育信息资源共享，推进教育管理信息系统互联互通，实现教育信息共享和教育部门的业务协同目标。

3. 建设智慧校园，构建智能化的教学、学习环境

利用物联网建立校园周界安防系统、一键报警系统，提高校园的安全管理水平。开发智能化的业务应用系统，提高学生管理和教师管理的智能化水平，对学生进行从入学到离校的全生命周期管理和服务，对教职工进行从入职到离职的全生命周期管理和服务，减少数据重复输入，为教师、学生提供一站式、个性化服务；大力建设智慧教室、智慧图书馆、智慧实验室，提升教学效果，方便师生阅读和科研，提高科研效率。

4. 大力发展移动学习和网络学习

随着 5G、Web 3.0 等移动互联网技术的发展以及移动智能终端的普及，移动学习和网络学习蓬勃发展，学生可以随时随地学习，掌握学习的主动权。例如，浏览电子书、查看教学视频、收听教学音频以及与教师进行互动交流。

二、智慧医疗

健康是促进人的全面发展的必然要求。医疗卫生信息化是我国医疗卫生事业发展的必然要求，是深化医改的迫切需要，是实现人人享有基本医疗卫生服务目标的重要手段。加快推进医疗卫生信息化，有利于提升医疗服务水平，降低医药费用，方便群众看病就医；有利于提升公共卫生服务水平，促进基本公共卫生服务均等化；有利于提升卫生管理和科学决策水平，推进卫生事业科学发展。

随着物联网、云计算、移动互联网、大数据等新一代信息技术的发展，医疗卫生行业信息化开始步入新的发展阶段——智慧医疗。智慧医疗是指通过应用新一代信息技术来提高医疗卫生管理和服务的智能化水平。

（一）主要特征

与传统医疗卫生行业信息化相比，智慧医疗具有以下特征。

1. 以患者为中心

以往，医疗卫生行业信息化建设是以部门为中心的，即以各级卫生主管部门、各类医院为中心。患者的医疗信息分散在不同的医院，没有进行有效的整合，无法提供个性化的医疗卫生服务。而在智慧医疗中，医疗卫生行业信息化建设是以患者为中心的。通过电子病历建立患者医疗健康档案，不同医院之间可以共享患者信息。

2. 远程化

以往，无论疾病类型、症状轻重程度，患者都必须亲自到医院就诊。而在智慧医疗时代，有些患者不必到医院就诊，而是采用电子设备（如电子血压计）探测血压、心率等，并发送到健康服务中心，再由专业医生进行分析，把诊断结果和治疗方案反馈给患者；患者付费后由物流企业把药品配送给患者。对于医疗卫生条件落后的偏远地区，通过远程医疗系统，也可以享受到大城市的医疗服务。

3. 自动化和智能化

以往，许多化验、诊断等工作都需要医生来完成。在智慧医疗时代，随着医疗分析仪器设备的发展，许多化验、诊断等工作可以自动完成，医疗分析仪器设备会自动生成并打印出化验报告、诊断报告。植入患者体内的芯片会监测患者生理机能的各项参数，当参数超过一定阈值时就自动给予安全警示。

（二）新一代信息技术在智慧医疗中的应用

1. 物联网技术

物联网技术在远程医疗、远程护理等方面有广阔的应用前景。例如，在患者体内植入生物芯片，芯片通过物联网把患者生理机能的各项参数发送到医院健康服务中心，由医生进行远程诊断。当患者生理参数出现异常时，即可通知患者来医院就医；当患者出现生命危险情况时，即可通知急救中心派出急救车。

2. 云计算技术

经过前些年的信息化建设，国家卫生健康委（原卫生部）拥有多个信息系统。这些系统可以移植到云计算平台，以方便互联互通和运行维护。云计算技术可以应用于区域医疗卫生信息平台建设，为当地居民提供综合的医疗卫生信息服务。对于中小医疗卫生机构来说，通过购买云计算运营商提供的云服务，就无须自行购买或开发软件，而只需支付一定的服务费。

3. 移动互联网技术

利用移动互联网技术，可以使医疗卫生行业信息化从电子卫生发展到移动卫生，使人们可以随时随地获取医疗卫生、健康养生、疾病预防等方面的信息和知识，从而提高国民的卫生素养。患者可以通过手机进行预约挂号，减少排队等候时间。目前，北京儿童医院、协和医院等都推出了具有预约挂号功能的 App。卫生主管部门可以把疫情预警信息通过手机发给当地居民，以便及时做好防范准备。

有一款名为 iHealth 的 App，它可以测血压、心率；用户可以利用它查看历史记录，以图表化方式管理血压，显示测量平均值，并根据世界卫生组织血压判定标准用不同颜色显示血压是否正常。

今后，要鼓励医疗机构采用移动互联网技术，发展移动卫生。鼓励医疗机构开发 App，供患者免费下载、使用。医疗机构 App 应具备信息发布、预约挂号、在线支付、检验结果推送、远程诊断等功能，让患者及时了解医疗机构的基本情况和最新工作动态；患者可以通过智能手机、平板电脑等移动终端预约挂号，减少排队等候时间；应支持手机支付，减少患者来回奔波和等候时间；患者可以通过移动终端第一时间知道医学检验或检查结果；患者

可以通过在线咨询平台向医生咨询病情，离优质医疗资源较远的患者也可以享受优质医疗资源提供的诊断服务。

4. 大数据技术和人脸识别技术

经过前些年的信息化建设，卫生部门和医院积累了大量数据。采用大数据技术，对这些数据进行挖掘，发现其中一些规律和问题，可以改进卫生部门的政策措施，提高医院的医疗服务水平。例如，美国西雅图儿童医院使用Tableau 数据可视化软件帮助医护人员减少医疗事故。

（三）智慧医院

智慧医院是指在医院管理和服务患者方面提高自动化、智能化水平。例如，布设无线网络，建立无线医院，方便医生和患者上网。利用物联网建立医院周界安防系统，提高医院安全管理水平。提高医院各类管理信息系统的智能化水平，对患者进行从第一次就医到最后一次就医的全生命周期管理，减少重复输入，提供一站式、个性化服务，提高患者的满意度。建设智慧门诊室、智慧病房、智慧手术室，提高诊断、治疗、护理、手术等过程的自动化和智能化水平。

在智慧医疗中，还应推进国家卫生健康委、省卫生健康委、市卫生健康委等各级医疗主管部门的智慧化建设。卫生主管部门通过实施智慧卫生工程，提高卫生管理和公共服务的智能化水平，支撑卫生管理创新。

信息化对医疗卫生工作具有重要的支撑和保障作用，而深化医改为医疗卫生信息化发展提供了难得的机遇。医改方案明确提出把加强信息化建设作为深化医改的重要技术支撑，特别是当前医改已进入"深水区"，一些制约医疗卫生事业发展的体制机制问题和结构性问题日益凸显，所涉及的利益群体更加复杂。为此，我国卫生主管部门应加强政策引导，积极推进智慧医疗的发展，破解医改难题。

第二节　智慧社区与智慧家庭

一、智慧社区

社区是指在一定地域内发生社会活动和社会关系，有特定的生活方式并具有成员归属感的人群所组成的相对独立的社会生活共同体。在我国，典型的社区就是城市的小区和农村地区的村庄。

（一）内涵和特点

社区是城市的细胞。智慧社区是智慧城市的重要组成部分。智慧社区是指管理和服务智能化水平较高的社区。与传统社区相比，智慧社区具有如下特点。

1. 自动化

在智慧社区中，各类设施的自动化程度较高。例如，采用 RFID 技术的社区一卡通，在居民进出小区、单元门时，能够自动感应并开启大门；楼道灯具有红外感应功能，居民晚上上下楼时自动开启。

2. 集成化

在智慧社区中，相关设施之间可以相互通信，进行联动。例如，当传感器感知有人翻墙时，立即启动报警系统。与此同时，调转视频监控探头，视频监控探头若具有人脸识别功能，可自动将捕获的人脸图像发送到公安部门。

3. 智能化

在智慧社区中，信息系统的智能化程度较高。例如，在社区安防领域，社区门禁系统、视频监控系统可以识别人脸；在社区居民服务方面，可以根

据某个居民的个人情况推送信息，提醒其办理特定事情。

智慧社区包括智慧社区基础设施、智慧社区管理、智慧社区服务和智慧社区发展环境四部分。其中，智慧社区基础设施包括小区宽带网络（10 Mbps以上入户）、三网融合以及智能化的小区设施；智慧社区管理包括计划生育、出租房管理、社会保障、民政等社区管理事务的智能化；智慧社区服务包括保洁、维修、购物、娱乐等各类为社区居民服务的智能化；智慧社区发展环境包括与智慧社区相关的政策法规、标准规范、人才培养等。

发展智慧社区，有利于提高社区管理水平，创新社会管理方式；有利于提高为社区居民服务的水平，使社区更宜居；有利于丰富社区居民的生活，创建和谐社区。

（二）新一代信息技术在智慧社区中的应用

1. 物联网技术

在智慧社区中，物联网技术可以应用于小区安防、自动抄表、环境监测等领域。对高档社区来说，单一的视频监控已经无法满足业主对安全防护的需求。采用物联网技术建立小区周界安防系统，通过振动传感器进行目标分类探测，并结合多种传感器组成协同感知的网络，实现全新的多点融合和协同感知，可对入侵目标和入侵行为进行有效分类与高精度区域定位。采用智能化的水表、电表、燃气表，可以根据需要自动将读数发送到供水企业、供电企业和燃气供应企业，减少人工抄表所需的人员、时间等成本。通过在社区放置一系列的传感器，可以实时感知社区的大气污染物（如 PM2.5）、温度、湿度、有害气体等，为社区居民提供警示信息。

2. 云计算技术

在智慧社区中，云计算技术可以应用于社区电子政务、居民娱乐等领域。随着电子政务建设的深入，电子政务系统逐步向基层延伸。社区电子政务是典型的基层电子政务，是提高社区管理和居民服务水平的重要手段。社区事

233

务是"上面千条线，下面一根针"，采用云计算技术，在每个城市建设一个社区云平台，是推进社区电子政务建设集中化的重要方式。所有与社区有关的信息系统都可以运行在社区云平台上，从而提高管理效率和服务质量。电信或广电运营商可以通过"云电视"为居民提供视频、音频、网络游戏等按需点播服务，丰富社区居民的文化生活。

3. 移动互联网技术

在智慧社区中，移动互联网技术可以应用于社区信息服务、电子支付等领域。利用移动智能终端，社区居民可以通过移动互联网查询社区相关信息，在网上办理有关事务，寻找家政服务。利用手机的移动支付功能，可以缴纳物业费、水费、电费、燃气费等。

再生生活信息技术有限公司提供标准化、规范化的上门回收废旧物资服务，包括旧手机、旧家电、塑料瓶、易拉罐、旧衣服、纸类等。用户可通过"再生生活"手机 App 定制上门服务周期，预约上门服务时间。该公司通过先进的信息系统和标准化的管理流程为用户建立可再生资源回收账户，记录用户的环保贡献与资金余额。用户可用销售废旧物资所得资金换购该公司手机便利店中的商品，订购商品由该公司工作人员送货上门。可以预见，O2O（线上线下结合）式的电子商务将成为互联网时代废旧资源回收和处理的新趋势。

（三）发展对策

1. 加快完善智慧社区建设的标准规范

20 世纪 90 年代，建设部发布了《全国住宅小区智能化系统示范工程建设要点与技术导则》（试行稿）。随着物联网、云计算、移动互联网等新一代信息技术的出现，社区信息化的技术环境发生了很大的变化，社区居民的实际需求也有了很大的变化。

建议有关部门制定新的规定，以指导全国各地的智慧社区建设工作。

2. 把社区电子政务作为推进基层电子政务建设的重要内容

众所周知，基层既是国家政权的基础，也是公共服务的落脚点。基层电子政务建设的好坏，直接影响到我国电子政务的整体发展水平。为此，应整合各类社区管理信息系统，按照全生命周期管理的思想，对社区居民进行管理，提供一站式的公共服务。

3. 把智慧社区建设作为创新社会管理的重要内容

社会管理，说到底是对人的管理和服务。在中国城市，绝大多数市民都居住在小区里面。利用信息化、智能化手段创新社区管理方式，是创新社会管理的重要内容，特别是在小区安防、出租屋管理、残疾人服务、老年人服务、家政服务等方面。

二、智慧家庭

所谓智慧家庭，就是指通过智能化程度较高的家电、家具等构建家居环境，过上高度数字化生活的家庭。智慧家庭是未来家庭的发展方向，是满足广大人民不断提高的物质生活、文化生活需要的必然要求。从应用领域来看，智慧家庭包括智慧客厅、智慧卧室、智慧厨房、智慧卫生间、智慧健身房、智慧书房等。

物联网技术是智慧家庭的核心技术。利用物联网技术，智慧家庭系统可以感知主人的需求，并自动为主人服务。例如，主人进门后一按智能手机的中央控制器开启"在家模式"，如果是白天，窗帘就会自动打开；如果是晚上，电灯自动开启；如果在夏天，空调就会自动开启。而在以前，需要主人自己逐个去按开关。

在智慧客厅，客厅茶几是个信息终端，可以收发文件，对智能家电进行遥控。相框是数字相框，相框中的图片可以根据主人的爱好而变化。在智慧卧室，可以根据需要对灯光亮度进行调节，播放背景音乐；床是电控的，具有改变姿态、按摩等功能。在智慧厨房，可以根据需要编排菜谱，指导主人做菜。在智慧卫生间，主人按一下"洗浴"指令，浴缸就自动放水；在晚上，主人一走进卫生间，卫生间的灯会自动亮起。在智慧健身房，主人骑上自行车，可以根据骑车路线来变换屏幕场景，边健身边进行"虚拟旅行"，增加健身的乐趣。在智慧书房，书桌也是一个信息终端，可以连接数字图书馆、数字博物馆，阅读电子书，参加视频会议等。

从物理环境来看，智慧家庭由一系列智能家居产品和中央控制器构成。其中智能家居产品包括智能冰箱、智能空调、智能洗衣机、高清互动电视、体感游戏设备、智能家具等。

（一）智能家电

智能家电就是将微处理器和计算机技术引入家电设备后形成的家电产品，是具有自动监测自身故障、自动测量、自动控制以及自动调节与远方控制中心通信等功能的家电设备。

家电的进步，关键在于采用了先进控制技术，从而使家电从一种机械式的用具变成一种具有智能的设备。例如，加入了"模糊运算"功能的电饭煲，能自动根据米饭量、软硬度要求调节运行时间和运行功率，1人和3人的米饭量，工作时间不同，而煮米饭和煮粥的工作参数也不一样。又如随身感空调，通过在室内机上增加一个红外线感应装置，可根据家人数量的多少以及人所处的位置，调节空调风量和送风角度。此外，还有加装"儿童锁"的电视（通过设置好电视的开关时间，避免儿童长时间看电视而影响视力），根据衣物多少自动添投洗衣粉的洗衣机，自动扫描存储食物保持周期，从而提前发出预警的冰箱，等等。

未来智能家电有三个发展方向，即多种智能化、自适应进化及网络化。多种智能化是指家电尽可能在其特有的工作功能中模拟多种人的智能思维或智能活动的功能。自适应进化是指家电根据自身状态和外界环境自动优化工作方式与过程的能力，这种能力使得家电在其生命周期中都能处于最有效、最节能和最好品质的状态。网络化的家电可以由用户实现远程控制，在

家电之间也可以实现互操作。物联网家电是指能够与互联网连接，并且通过互联网可对其进行控制、管理的家电产品。

智能家电的智能程度不同，同一类产品的智能程度也有很大差别，一般可分为单项智能和多项智能。单项智能家电只有一种模拟人类智能的功能。例如，在模糊电饭煲中，检测饭量并进行对应控制是一种模拟人的智能的过程。在电饭煲中，检测饭量不可能用重量传感器，这是环境过热所不允许的。采用"饭量多则吸热时间长"这种人的思维过程就可以实现饭量的检测，并且根据饭量的不同采取不同的控制过程。这种电饭煲是一种具有单项智能的电饭煲，它采用模糊推理进行饭量的检测，同时用模糊控制推理进行整个过程的控制。在多项智能的家电中，有多种模拟人类智能的功能。例如，多功能模糊电饭煲就有多种模拟人类智能的功能。

互动化是智能家电发展的一个重要趋势，如高清互动电视、体感游戏设备等。高清互动电视是通过有线数字电视双向网络，基于高清互动机顶盒，为用户提供高清晰度数字节目的视频内容和综合信息服务平台，能实现互动点播（Video on Demand，VOD）、精彩回放、电视银行、电视教育、互动游戏等多种交互业务。高清节目采用1920×1080 i的格式播出，图像的幅型比为16:9，达到胶片级电影的效果，部分电影和音乐会具有环绕立体声效果，让人们体会身临其境的视听震撼。

体感游戏是一种通过肢体动作变化来进行操作的新型电子游戏。具有代表性的体感游戏平台包括 Xbox360、PlayStation Move 等。体感游戏突破了以前手柄、键盘、鼠标等输入的操作方式，通过人体动作来操控游戏，可以在玩游戏的同时锻炼身体，例如打保龄球。

（二）智能家具

智能家具是指采用现代信息技术，将各种不同类型的信号进行实时采集，由控制器对所采集的信号按预定程序进行记录、逻辑判断、反馈等处理，并将处理信息及时上报至信息管理平台，可对使用者的需求做出自动反应的家具。

智能家具是传统家具与信息技术相结合的产物。智能家具的新颖之处在于运用高新技术进行功能改进，如通过置入机械传动、传感器、控制电路、单片机和嵌入式电子计算机等器件，使家具具备一定的智能。与传统家具相比，智能家具更加人性化，是家具行业的一个发展趋势。

第三节　智慧旅游与智慧交通

一、智慧旅游

（一）内涵与特征

旅游业是资源消耗低、带动系数大、就业机会多、综合效益好的绿色低碳产业。改革开放以来，我国旅游业快速发展，产业规模不断扩大，产业体系日趋完善。《国务院关于加快发展旅游业的意见》提出，要把旅游业培育成国民经济的战略性支柱产业和人民群众更加满意的现代服务业，推进旅游信息化是实现旅游业发展两大战略目标的重要支撑。

随着物联网、云计算、移动互联网等新一代信息技术的飞速发展，旅游信息化开始步入"智慧旅游"时代。智慧旅游是指通过应用新一代信息技术，整合旅游相关信息资源，促进旅游信息共享和游客服务部门的业务协同，提高旅游服务的效率和质量，促进旅游业的健康发展。简单地说，智慧旅游就是旅游行业的智能化。

与传统旅游信息化相比，智慧旅游具有以下特点：以游客为中心；旅游信息服务自动化；旅游信息服务智能化。

1. 以游客为中心

在旅游过程中，游客需要关心的问题包括旅游线路、景点、交通、住宿、

餐饮、购物、娱乐、天气等方面。其中交通问题又涉及航班、火车、轮船、客运汽车、出租车等交通工具的有关信息。在传统旅游信息化中，信息不是以游客为中心来组织的，而是以部门为中心来组织的。举例来说，旅游主管部门发布旅游景点信息，航空公司发布航班信息，气象部门发布天气预报信息，宾馆酒店发布住宿信息。这些部门按旅游涉及的相关领域建设一个个孤立的信息系统，这些信息系统之间没有实现互联互通和信息共享。当游客需要查找信息时，需要登录到一个个网站查找不同的信息，既费时又费力。在智慧旅游系统中，信息是以游客为中心进行组织的。通过采用位置服务（Location Based Services，LBS）技术，游客走到哪里，相关的吃、住、行、玩等方面的信息都会立刻呈现在游客面前。

2. 旅游信息服务自动化

在传统旅游信息化中，游客获取旅游信息服务是被动的，往往需要自行查找分散在各部门的信息。在智慧旅游系统中，游客获取旅游信息服务是主动的。智慧旅游系统可以根据游客输入的身份特征、兴趣爱好、地理位置等自动编排有关信息。例如，根据游客的出发地和目的地，是年轻的情侣还是退休的老年人，喜欢自然风光还是名胜古迹等，自动编排不同类型、不同内容的信息，提供个性化的旅游信息服务。此外，游客可以在自动售票机上购买门票，也可以通过手机购票（手机二维码门票）。门票带有感应磁条或 RFID 电子标签，游客可以刷卡或扫描手机二维码进入景区大门。游客可以刷卡租用自行车，乘坐电瓶车，购买景区纪念品。通过便携式电子导游机，游客走到哪里，就自动介绍所在位置的景点。

3. 旅游信息服务智能化

旅游信息系统的智能化程度是智慧旅游与传统旅游信息化之间最大的区别。一方面，绝大多数游客都是非专业游客。他们的旅游经验不丰富，对旅行过程及目的地情况缺乏了解；另一方面，不同游客在年龄、经济条件、爱好、行程天数等方面的实际情况千差万别。因此，必须提高旅游信息服务的智能化水平。例如，建立提供场景式服务的旅游信息网站，游客输入出发日期、出发地、目的地、返回日期，网站根据不同情况为游客设计一条经过优化的旅游线路。然后让游客根据自身实际情况按条件检索，选择不同的出行路线、交通工具，选择不同价位、不同星级的宾馆，选择不同的景点并预订门票等，把旅游全程涉及的各个方面安排妥当。在游客做每一步选择时，智慧旅游系统可以根据推荐度（或好评度）、价位等对选项进行排序，供游客参考。

智慧旅游是旅游业信息化发展的高级阶段，是我国旅游业转型升级的重要途径。对于以旅游业为支柱产业的城市来说，智慧旅游是智慧城市建设的重点领域。

（二）体系框架

旅游业涉及旅游主管部门、景区（景点）、旅行社等旅游企业以及游客等。相应地，智慧旅游包括智慧政府、智慧景区、智慧企业及智慧游客四大部分。

1. 智慧政府

在智慧旅游中，智慧政府是指智慧的旅游主管部门，如旅游局、旅游委等。旅游主管部门通过智慧旅游项目建设，提高旅游市场监管和公共服务的智能化水平。例如，按照"大旅游"的理念，与交通、公安、工商、卫生等相关部门加强信息共享和业务协同，对旅行社进行全生命周期管理，为旅行社提供业务办理"一站式"服务。旅游主管部门领导可以根据需要查看本地区游客数量、旅游业务收入、游客投诉等情况。

2. 智慧景区

智慧景区是指在景区管理和为游客服务方面提高自动化、智能化水平。例如，利用物联网建立景区周界安防系统、电子导游自动触发系统、景区移动视频监控系统等，加强景区管理的精细化程度，提高游客的满意度。

3. 智慧企业

在智慧旅游中，智慧企业是指经营管理和服务游客智能化水平高的旅行社、酒店、车辆租赁等旅游服务企业。通过实施企业资源规划（Enterprise Resource Planning，ERP）系统、客户关系管理（Customer Relationship Management，CRM）系统、商业智能（Business Intelligence，BI）系统等先进信息系统，可以显著提高大中型旅游企业的经营管理水平，提高对游客需求的响应能力。对于大型旅行社，利用信息化、智能化手段可以把全集团的财务决算周期从一个月或几周缩短到几天甚至 24 小时内，实现日清日结。构建智慧企业，对于推动信息化与旅游业深度融合、促进旅游业转型升级具有重要意义。

4. 智慧游客

智慧游客是指信息化装备精良的游客。随着微博、社交网络等 Web 2.0 技术的发展（注：目前通常认为微博、社交网络属于 Web 2.0，而非 Web 3.0），手持 iPhone 等智能终端的游客可以随时将拍到的照片、录制的视频等与家人、朋友分享，利用智能终端查阅旅游信息，订酒店、订机票、订门票，查询当前地理位置，进行汇率换算、语言翻译等。

（三）新一代信息技术在智慧旅游中的应用

与智慧旅游密切相关的关键技术有物联网、云计算、移动互联网、大数据等新一代信息技术。

1. 物联网技术

在智慧旅游中，物联网技术在旅游景区门禁、景区安防、自助导游、景区环境监控等方面有广阔的应用前景。例如，利用带有 RFID 的门票，游客可以自行通过门口闸机进入景区，管理部门可以对进入景区的游客人数进行自动统计。对于限制客流量的景区，人数满员后可以自动锁定闸机。游客来到某景点，带有 RFID 的门票可以触发景点解说器，为游客讲解。对于山地景区，在潜在滑坡体安装传感器网络，可以监测山体形变，及时对滑坡灾害进行预警。

2. 云计算技术

在智慧旅游中，云计算技术可用于区域旅游信息平台、大型商业旅游网站、大型旅行社数据中心等。对于区域旅游信息平台，利用云计算技术可以提升平台的性能，促进当地旅游信息资源的整合。对于大型商业旅游网站，云计算可以根据访问量调节计算资源，降低运营成本。对于像中国国际旅行社等网点遍布全国的大型旅行社，建立基于云计算的数据中心，可以实现业务财务一体化，提高集团管控能力。对于中小旅行社，利用基于云计算的旅游信息服务平台，就无需购买软硬件，降低其信息化门槛。

3. 移动互联网技术

在智慧旅游中，移动互联网技术可以让游客随时随地获取旅游信息资源。例如，在出国旅游过程中，游客通过下载并安装相关 App，就可以在智能手机上查询旅游景点信息、交通出行信息、天气信息、国际时间，预订酒店、机票、门票，进行汇率自动换算、语言自动翻译，确定当前地理位置和方位等，而无需随身携带纸质地图、手表、指南针、计算器、电子词典等，省去很多麻烦，使旅游更加轻松自在。

4. 大数据技术

在智慧旅游中，随着旅游业的发展，游客数量越来越多，各类旅游信息服务平台提供的信息越来越丰富，旅行社采集的数据也快速增长，而且许多数据都是非结构化数据。为此，需要采用大数据技术，对各类旅游数据进行分析、挖掘，以便更好地为游客服务。

（四）相关政策

1. 指导思想

深入贯彻实施《中华人民共和国旅游法》和《国务院关于促进旅游业改革发展的若干意见》，以满足旅游者现代信息需求为基础，以提高旅游便利化水平和产业运行效率为目标，以实现旅游服务、管理、营销、体验智能化为主要途径，加强顶层设计，完善技术标准，整合信息资源，建立健全市场化发展机制，鼓励引导模式业态创新，有序推进智慧旅游持续健康发展，不断提升我国旅游信息化发展水平。

2. 基本原则

坚持政府引导与市场主导相结合。政府着力加强规划指导和政策引导，推进智慧旅游公共服务体系建设；企业在政府规划、政策和行业标准的引导下，以市场需求为导向，开发适应游客需求的产品和服务。防止政府大包大揽和不必要的行政干预。坚持统筹协调与上下联动相结合。着眼于中国旅游业发展的整体和长远需要，着力加强信息互联互通，有效避免信息孤岛化、碎片化。在确保信息资源可共享的基础上，各地可结合实际需求，先行先试，创新智慧旅游服务管理手段。坚持问题导向与循序渐进相结合。要突出为民、便民、惠民的基本导向，防止重建设、轻实效，让游客充分享受智慧旅游发展的成果。要充分认识智慧旅游建设的系统性和复杂性，通过成熟的技术手段，从最迫切、最紧要问题入手，做深做透，循序渐进。

3. 发展目标

建设一批智慧旅游景区、智慧旅游企业和智慧旅游城市，建成国家智慧旅游公共服务网络和平台。我国智慧旅游服务能力明显提升，智慧管理能力持续增强，大数据挖掘和智慧营销能力明显提高，移动电子商务、旅游大数据系统分析、人工智能技术等在旅游业应用更加广泛，培育若干实力雄厚的

以智慧旅游为主营业务的企业，形成系统化的智慧旅游价值链网络。

4．主要任务

（1）夯实智慧旅游发展信息化基础

加快旅游集散地、机场、车站、景区、宾馆饭店、乡村旅游扶贫村等重点旅游场所的无线上网环境建设，提升旅游城市公共信息服务能力。

（2）建立完善旅游信息基础数据平台

规范数据采集及交换方式，逐步实现统一规则采集旅游信息，统一标准存储旅游信息，统一技术规范交换旅游信息，实现旅游信息数据向各级旅游部门、旅游企业、电子商务平台开放，保证旅游信息数据的准确性、及时性和开放性。

（3）建立游客信息服务体系

充分发挥国家智慧旅游公共服务平台和 12301 旅游咨询服务热线的作用，建设统一受理、分级处理的旅游投诉平台。建立健全信息查询、旅游投诉和旅游救援等方面信息化服务体系。大力开发运用基于移动通信终端的旅游应用软件，提供无缝化、即时化、精确化、互动化的旅游信息服务。积极培育集合旅游相关服务产品的电子商务平台，切实提高服务效率和用户体验。积极鼓励多元化投资渠道参与投融资，参与旅游公共信息服务平台建设。

（4）建立智慧旅游管理体系

建立健全国家、省、市旅游应急指挥平台，提升旅游应急服务水平。完善在线行政审批系统、产业统计分析系统、旅游安全监管系统、旅游投诉管理系统，建立使用规范、协调顺畅、公开透明、运行高效的旅游行政管理机制。

（5）构建智慧旅游营销体系

依据旅游大数据挖掘结果，建立智慧旅游营销系统，拓展新的旅游营销方式，开展针对性强的旅游营销。逐步建立广播、电视、短信、多媒体等传统渠道和移动互联网、微博、微信等新媒体渠道相结合的全媒体信息传播机

制。结合乡村旅游特点，大力发展智慧乡村游，鼓励有条件的地区建设乡村旅游公共营销平台。

（6）推动智慧旅游产业发展

建立智慧旅游示范项目数据库，鼓励旅游企业利用终端数据进行创新，支持智慧城市解决方案提供商以及云计算、物联网、移动互联网应用项目进入旅游业，鼓励有条件的地区建立智慧旅游产业园区。

（7）加强示范标准建设

支持国家智慧旅游试点城市、智慧景区和智慧企业建设，鼓励标准统一、网络互联、数据共享的发展模式。鼓励有条件的地方及企业先行编制相关标准并择优加以推广应用。逐步将智慧旅游景区、饭店等企业建设水平纳入各类评级评星的评定标准。

（8）加快创新融合发展

各地旅游部门要加强与通信运营商、电子商务机构、专业服务商、高校和科研机构的合作，引导相关部门和企业通过技术输出、资金投入、服务外包、资源共享等方式参与智慧旅游建设。探索建立政产学研金相结合的智慧旅游产业化推进模式。

（9）建立景区门票预约制度

鼓励博物馆、科技馆、旅游景区运用智慧旅游手段，建立门票预约制度、景区拥挤程度预测机制和旅游舒适度评价机制，建立游客实时评价的旅游景区动态评价机制。

（10）推进数据开放共享

加快改变旅游信息数据逐级上报的传统模式，推动旅游部门和企业间的数据实时共享。各级旅游部门要开放有关旅游行业发展数据，建立开放平台，定期发布相关数据，并接受游客、企业和有关方面对于旅游服务质量的信息反馈。鼓励互联网企业、OTA 企业与政府部门之间采取数据互换的方式进行数据共享。鼓励旅游企业、航空公司等相关企业的数据实现实时共享，鼓励景区将视频监控数据与国家智慧旅游公共服务平台实现共享。

5．保障措施

（1）加强组织领导

各级旅游部门要加强领导，积极稳步推进智慧旅游建设。文化和旅游部智慧旅游工作领导小组负责智慧旅游建设的总体指导和监督实施，指导有关技术标准规范的制定。各地应结合实际建立智慧旅游建设推进小组，统筹协调本地区智慧旅游基础建设、标准制定、技术应用和推广。鼓励有条件的地方建立智慧旅游协同创新中心、产业孵化中心、公共服务运营中心、人才服务中心。

（2）加强规划指导

各地要根据实际需要加快制定本地区智慧旅游发展规划、年度计划和工作方案，统筹部署，循序渐进。智慧旅游发展规划要与智慧城市建设规划相结合，利用智慧城市建设发展提供的通信、交通、安全保障、信息交换等基础环境，提高相关工作的协同性。

（3）强化队伍建设

建立智慧旅游人才培养体系，鼓励民营资本投入智慧旅游职业教育领域，为我国智慧旅游发展提供人才保障。积极开展智慧旅游专业培训，鼓励开展多样化的智慧旅游交流活动。

（4）加大资金投入

各地旅游部门要加大对智慧旅游的投入力度，保障公益性智慧旅游服务项目建设，支持重点项目建设。积极拓宽融资渠道，鼓励各类投资主体多方面投入智慧旅游发展。

（5）加强综合评估

各地旅游部门应建立智慧旅游工作目标责任制，将智慧旅游建设工作纳入旅游部门年度考评目标。积极引入第三方评价机制，对智慧旅游项目和成果进行投入、产出、综合效益、推广价值等方面的综合评价，在综合评估基础上不断加以提升改进。

（五）发展对策

结合旅游业特点，以及对智慧旅游的深入思考，建议从以下三个方面发展智慧旅游。

1. 在旅游行业推广新一代信息技术

鼓励景区管理部门在景区门禁、电子导游、景区环境和灾害监测预警等方面采用物联网技术。鼓励地方旅游信息中心建设基于云计算的区域旅游信息服务平台，为游客提供一站式、个性化的服务。鼓励电信运营商等搭建旅游云服务平台等公有云，降低中小旅游企业信息化门槛。鼓励大型旅行社开展私有云、大数据技术应用。鼓励软件企业开发在 iPhone、iPad 等移动智能终端上运行的旅游小软件（如 LBS、实时更新的航班时刻表），以应用程序商店的商业模式供游客下载使用。鼓励电信运营商开展 5G 移动旅游信息服务。

2. 以游客为中心整合旅游信息资源

建议各地旅游主管部门牵头建设旅游企业全生命周期管理和服务系统，整合工商、税务、交通、气象、公安、卫生等部门的相关信息资源。同时，支持市场化运作的机构建设基于 LBS 的游客全程信息服务系统，整合当地景点、交通、住宿、餐饮、购物、娱乐、天气、语言、汇率等与旅游相关的信息资源，为游客提供从出发到返程的全程信息服务。

3. 提升旅游服务的自动化和智能化水平

鼓励景区管理部门对旅游设施进行改造，提高旅游设施的自动化、智能化水平，为游客提供更人性化的服务。鼓励大型旅游信息服务运营商对现有旅游网站进行改版，根据游客身份特征、经济条件、兴趣爱好、地理位置等自动编排和推送有关信息，提供定制化的旅游信息服务。通过提供场景式服务，提高游客的满意度。

二、智能交通

（一）智能网联交通系统中的信息物理映射与系统构建

交通伴随人类文明一路走来。以人、车、路为核心的交通要素在每个发展阶段，均以信号和系统的方式存在。以汽车为代表的交通运输工具日新月异，使得道路交通日趋复杂，也推动了法治化的完善。近几十年，汽车以机械化、电子化、信息化和新能源化为特征逐步演变，智能交通系统的设计、运行和管理也在复杂交通应用场景与多传感器融合中创新迭代。人工智能对交通系统及其应用既是发展性技术赋能，又是融合性技术挑战。智能交通系统将进一步促使交通深度感知、交通信息泛在、交通数据普适和交通安全高效，这将在技术与法规层面上共同考验着当前智能交通体系和未来无人驾驶的全面推广。

把高清视觉、毫米波雷达、激光雷达、超声波、红外夜视、全球导航卫星系统（Global Navigation Satellite System，GNSS）接收器、惯性导航单元和高精度地图软件等产品与技术集成于车辆，并构成一个完整的交通感知系统。该系统使得车辆在复杂的交通环境中能及时感应周围的环境和收集数据，实现静态与动态物体的辨识、侦测和追踪。尤其在导航仪和地图数据的支撑下，通过实时交互的运算处理，达到交通的安全性和驾驶的舒适性。这也是车辆电子信息化在智能交通系统中的技术呈现，由此也产生了多样性、高度异构性、离散性和移动性极强的车联网数据。这种静态感知的交通信息系统在算法无法实时支撑、非深度学习和无数据云控的情况下，容易丢弃绝大部分现场数据，甚至主动丢弃全部数据。这无法满足交通运营和管控的需求，也是云控数据管理和人工智能处理所不容许的。所幸学术界和产业界已经关注到了这一问题的严重性。凭借云计算、大数据和人工智能等技术处理，这些交通实时感知数据的高可信计算与处理将发挥越来越重要的预测与决策作用。

海量的交通数据具有异构、高维、冗余、时空相关性等特点。将交通场景映射成数据资源，并服务于交通管理，是目前热点研究方向。考虑到交通应用场景的数据复杂性，不仅仅是视频、图像、语音、多媒体信号、文本与标识等，甚至含有多个数据形式的隐含信息与噪声数据。这些原始数据也具有冗余、互补、不正确或者模糊等特点，不适合计算机采用数据库检索方法来直接完成相关分析、处理与决策。这就需要将信息物理融合系统理论迁移至智能交通系统，用形式化语义来表达交通中人、车、交通基础设施和交通事件各要素，并使其更具关联性、一致性和完整性，实现简化智能交通系统的数据交互、动态推理和可信计算。

根据智能网络交通中道路上人或非机动车安全警告标识、交通灯信号时序等道路管理信息、车辆间信息交互和提醒、互联网发布多媒体和功能性内容来约束、提取和归一化交通异构时空数据源，反馈与优化交通时空数据表达方式和精化策略，最终形成基于智能网联交通的信息物理融合系统及其时空数据云控应用，以满足自动驾驶和无人驾驶的全面普及。

1. 智能网联交通的系统分析

交通系统的研究场景或区域既是一个开放的系统，又是一个封闭的系统。人和车辆在交通运行中，已从原始的自我认知演变成综合感知系统的判识与交互。交通设施和交通工具，已从传统的物理标识演变成综合枢纽系统的智能调度与引导。交通信号与交通信息，已实现了"卫星—空中—近地面—地面—水面—水下"的无线电、光电和感应等多源异构综合交通信息与控制体系。交通管理和交通服务已从单一的人为指挥演变成智能信息技术的态势预测与决策。智能交通系统应用的开放性在于不断与社会生活融合，吸纳新理念与技术，产生新管理方式和服务体系，成为生活态度和社会生态。智能交通系统的物理封闭性，更多地体现在人、车、设施、信息和管理等要素的不断耦合，更趋近于工业级的信息物理融合系统，甚至是"数字孪生"的综合智能交通系统。智能交通系统并不完全依赖于互联网，只需要将交通基础设施、交通信息处理平台、交通工具以及人通过网络通信能力嵌入物理世界，实现信息物理的融合与交互。智能交通系统更主要的是应用场景的深度感知，将可控、可信、可扩展的网络化物理设备系统通过计算进程和物理进程相互影响的反馈循环实现深度融合和实时交互。交通的信息化和智能化，本身就要求交通物理实体和交通信息世界的双重安全、可靠、高效和绿色。因此，综合智能交通系统是一个要素异质融合、多子系统集成、信息互联互通、多层次互操作、动态实时管控的复杂系统。

将综合智能交通集成系统通过信息物理融合系统的构建，将基于物联网的交通要素感知和基于信息物理融合的交通数据驱动进行系统耦合，实现第一层次的交通信息物理系统映射。在交通结构化或非结构化数据处理的基础上，针对交通应用场景的物理模型和时空（或非时空）信息的形式化语义表达，实现第二层次的智能交通信息物理原型系统。根据智能交通系统海量繁杂的时空数据，利用 5G/GNSS 等先进通信方式和技术应用无缝集成，在智能交通系统分析、仿真模拟、管控预测、综合决策和方案优化等环节，实现基于时空数据云的智能交通应用服务平台。通过物联网中间件和信息物理中间件将交通要素及其场景、设备和设施等相关数据汇聚，在交通动态信息同步映射与综合处理后，以标准化原型系统的方式支撑不同时延要求下的智能交通应用，从而形成面向智能网联交通的分析、模拟、预测、决策和优化。在信息物理融合系统理论及其技术方法中需要重点关注的实时网络传输、信息时间同步、数据隐私保护和信息安全策略等协议或机制，仍是交通信息物理融合系统的关键技术问题。

由此可见，智能网联交通是建立在数据与智能应用之上的交通系统工程，其技术特征表现为：① 信息化交通系统的形式化表达；② 数据驱动的全周期交通模式；③ 边缘自治的交通全域管控；④ 同步实时的交通数据治理；⑤ 诱导干预性的交通数据安全。在全域全网数据管控模式下的智能交通系统，更是需要交通系统与信息系统的协作融合。相关技术特征的界定将是信息物理交通系统（CPS-T）技术体系建立和管控应用的核心。

2. 信息物理交通系统

信息物理融合系统不局限于物联网的感知功能，更突出通信、计算和控制。在大数据和人工智能技术支撑下，信息物理融合系统更具安全和自治功能。智能交通系统正是信息物理融合系统的典型应用。智慧终端及其系统服务的普适性，使得交通信息越来越不能忽略社会数据。例如，手机发布的实时路况照片和文字等。视频监控及其特征提取的实时性，使得交通管控越来越依赖于智能辅助决策。例如，路测闯红灯大屏幕展示牌发布的人脸对应身份证号、语音警告提醒等。城市间或城市内交通态势发布的精准性，使得交通大数据越来越直接参与社会治理。例如，节假日交通临时管制的信息实时推送等。

"人—车—路"三者构成的智能交通应用基本单元，体现了分布式感知单元（或设备）在交通规则的驱使下相互协作并完成复杂的管理任务。每个交通感知单元本身具有处理能力，在 5G/4G 通信网络支持下，实时执行与发布分析治理后的数据。基于信息物理融合系统的综合交通应用重心在于计算、治理及其数据发布。交通管控过程对物理环境产生反馈，作用的大小取决于交通感知单元的多少及其特征融合能力。由于存在着规模与种类的不同，信息映射后在通信网络中的协议和标准也不同。在整个信息物理映射过程中，交通中的"人—车—路"已不处于主导地位，只是被自动感知、实时传输、计算分析和反馈执行的"数据对象"。因此，交通信息物理融合系统具有数据自主治理能力。

交通物理实体与交通信息数据的时空关联是 CPS-T 的本质特性。交通信息物理融合系统在交通物理实体方面由全息感知进化为系统接口、通信标准、网络协议和层次控制等，在信息方面由数据传输进化为边缘计算、云交互、远程推送等，在数据方面由数据库管理进化为规约精化、数据挖掘、深度学习、可靠防护和可信验证等，通过各类交通场景与应用模型的智能训练，形成基于信息物理融合系统理论方法及其技术机理的交通决策反馈。智能交

通系统围绕着交通事件的发展过程和阶段状态，在时间同步及其演变下由系统模型转化为数据模型，将交通对象、属性、空间和时间四大数据集合对应建立计算机语义表达的相关基类。在智能网联交通应用中，将以往车联网、车路协同、智能网联车等研究的 V2X（Vehicle to Everything）关键技术演进为 C2X（Cloud to Everything），即构建云 – 人（Cloud to Pedestrian）、云 – 车辆（Cloud to Vehicle）、云 – 设施（Cloud to Infrastructure）、云 – 管理（Cloud to Government）和云 – 云（Cloud to Cloud）各个时空数据应用单元，最终完成智能网联交通信息物理过程及其时空数据云应用。

3. CPS—T 数据精化

交通时空数据精化需要把交通要素与社会信息资源按照形式化规约转化成时空数据变量，降低数据的不一致性和不完整性等，形成字符、符号、数据包、数据序列等精化结构，保证"人 – 车 – 路 – 云"数据的可靠性和完备性。云平台将交通系统各要素状态信息按照交通信息物理融合系统运行模式进行数据分层，实时信息映射后统一成不同交通场景应用的实时基础数据。面向智能网联交通将"人 – 车 – 路 – 云"信息进行时空数据模型化，以实时基础数据为汇聚规范，实现云平台控制下的交通历史数据和实时交通场景数据等多维度基础汇总数据。结合 V2X 和交通时空数据控制，通过"云、边、端"协同，开展终端计算、边缘计算与云计算引擎进行交通数据挖掘、大数据计算与多维交互式分析，以交通信息物理融合系统标准化形式推送宏观交通数据分析的基础数据与数据增值服务，实现智能交通系统的性能提升与交通全链路数据运营的精准管理。交通信息物理融合系统中产生的时空数据存在着多重冗余与动态丢失问题，在动态状态预处理后设计数据精化的修正与补偿策略，实现时空数据驱动的信息域和物理域综合表征。时空数据精化消除交通海量数据的不确定性，将交通时空数据抽象成交通信息物理模型，功能描述精准与数据结构完整的模型有助于深度学习与特征挖掘。

4. CPS—T 数据云控

在智能网络交通中，数据是交通信息化资源。正如交通网络通信的发展实现了从车辆内部传输，到车辆与交通基础设施通信，再到交通要素与社会信息资源的互联互通。交通信息物理融合系统的构建也是一个把交通物理世界、交通信息空间和人类社会活动，三者系统化、泛在化和普适化的动态过程。以交通管控事件和交通安全策略为导向，将部署在交通应用场景中的数据采集设备、通信设施和计算系统进行扁平归一化，在高速率、低时延和大容量等特征的 5G 技术支撑下实现基于交通信息物理融合系统的"云－边－端"交通应用。数据驱动的交通信息物理融合系统一方面集成当前科学技术及其未来发展趋势，另一方面赋能未来交通应用，例如无人驾驶。网络通信技术的泛在，除了 5G 之外还需要 GNSS、低轨物联网卫星、数字多媒体广播、无线局域网和专用短程通信等。

交通网络通信系统的构建为交通信息物理融合系统计算调度和控制等功能的实现提供了可能。低时延、高数据速率与大容量等特性正是解决交通实时网络传输协议，高可靠系统同步算法、人车路云数据融合策略等关键技术的核心。泛在交通系统的网络通信主要由车与车通信（Vehicle to Vehicle，V2V）、车辆与基础设施通信（Vehicle to Infrastructure，V2I）和车与外界通信（Vehicle to Everything，V2X）组成。云平台通过响应实时请求来完成个体交通行为数据、交通信息网络交互和交通态势综合管控等。从数据流、控制流和大数据交互三方面来满足交通信息物理融合系统中多应用支持、拥塞控制、资源配置、快速移动、无缝覆盖和信息安全等需求。

"人－车－路－云"交互的数据流和控制流可以由具备计算和处理的交通终端要素实时采集和上传云平台，也可以将边缘计算汇聚的大数据通过 5G/GNSS 等网络通信直接上传云平台。云平台控制全域范围内综合交通系统的"人－车－路－云"各异构数据结点，通过网络通信进行泛在互联，在交通信息物理融合系统中构建支持协同控制的闭环交通通信链路。将实时网络通信、实时数据映射、实时协同交互和实时计算处理融为一体，实现交通信息物理系统响应的数据传输实时低时延与高并发请求，确保"人-车-路-云"网络数据交互在智能交通应用中满足无人驾驶控制的可用性与信息安全需求，最终实现网络通信与云平台的归一化。

5. CPS—T 综合调控

智能交通系统应用已经与城市建设发展融为一体。城市空间的物质流动和能量交换，均取决于交通工具与方式的协同变动。社会活动的整体与个体、全局与局部，均体现为交通要素的时空变迁。随着信息技术的感知、处理、传输、计算、融合和决策能力提升，智能交通系统将达成物理交通与数字交通的系统级数字孪生。二者构建的信息物理融合系统将实现交通虚实信息交互，共同完成决策、控制、管理功能。CPS—T 架构下的交通数据与人工智能是以交通云控数据为核心资源的证据决策分析与综合调控过程，这将有效提升交通战略、政策、规划、建设、管理和控制等各技术环节的效能，最终实现 CPS—T 数据池和态势管理的综合决策效果。

交通运输工具、交通运输方式、城市交通多模式、城市交通空间通过泛在网络通信实现智能交通实体之间的互联互通，通过大数据、云计算和人工智能技术对交通数据进行动态交互、信息挖掘和智能决策等关键技术处理，为车辆、驾驶人、管理者等交通参与者提供安全高效的信息服务。交通信息物理系统融合，本质上就是物理交通与数字交通的信息映射，极大程度地形成数据驱动的安全运行模式。未来的无人驾驶正是基于交通信息物理融合系统的事件检测、故障诊断、态势预测、安全评估、运维指挥和系统优化等环节的交通信息系统。更为复杂的综合交通应用，例如集飞机场、磁悬浮、高速铁路、地铁、长途汽车站、公交设施等于一体的国际综合交通枢纽、城市综合立体交通换乘枢纽，这依然是基于交通信息物理融合系统的信息功能级联与嵌套。

以往的研究关注交通要素及其事件的感知。在发展交通信息物理融合系统及其应用中，需要考虑智能交通系统的开放、灵活和可扩展性等特点，将获取的交通原始数据在模型约束和数据精化后抽象成信息技术领域的高层表达。综合交通应用在信息物理融合理论方法和技术体系的构建下，将贯通交通微观基本单元、交通中观枢纽管控和交通宏观时空演变，在数据流和控制流的云处理下实现网络通信与云交互的协作与一体化。将交通事件监测、车辆故障诊断、流量预测评估、管控系统优化和安全运维等构建成交通综合决策系统，提高交通信息推送和交通管理决策的精准度。

（二）智能交通系统在运输管理中的应用

1．交通运输管理现状及主要问题

（1）交通运输管理效果不理想

由于当前我国人口众多，各区域人口密度差异较大，比如在东部发达地区等人口众多、发展水平较高的区域，其交通管理难度也相应较大。在早高峰、晚高峰等交通高峰时段，许多中、小型城市由于缺乏交通管理人员来引导现有交通，所以对超载、闯红灯、超速等不文明现象管理不及时、不到位。同时，我国大多数中小型城市中缺乏高质量、集成化的交通监管系统，对各交通密集地带的交通流无法做到及时且有效的协调，容易造成交通混乱的状况，给交通管理的执法工作带来困难。因此，由于交通管理面临自身的管理压力，加之缺乏交通管理专业人员以及监控系统与设备等相关条件，多数中、小型城市的交通管理质量总体较低。

（2）交通运输管理效率较低

目前，在我国大型城市中普遍存在交通拥堵以及交通运输困难的问题，这导致交通管理的效率较低。通过采用设置红绿灯、安排道路交警执勤、安装道路监控设备等方式，可以基本完成对整个运输过程的管理工作。但是需要注意的是，在交通流量较大的道路上，仅仅依靠交警来解决随时有可能发

生的交通运输过程中各类突发安全事件是远远不够的。此外，管理者存在专业不足、经验缺乏、权限级别低等问题，造成了管理水平参差不齐、工作效率低等问题。

2. 交通运输管理系统中智能交通的应用分析

（1）无线收费技术的应用

当前阶段，无线收费技术已经在交通监控领域、过往车辆收费领域、停车收费领域以及道路交通管理领域等方面广泛应用。无线收费技术的主要工作原理是通过采用车辆识别卡和微波读取相结合的方式对过往车辆进行通行费用计算，并自动地从车主银行账户中扣除通行费。在进行此过程时，无须人工操作，只需通过车辆收费系统采集车辆相关信息，再根据实际的路况，计算出收费金额。所以，计算机通信网络与无线收费技术的有机结合可以大幅度提高对过往车辆通行管理的效率和简化收费程序，进而确保交通管理系统能够平稳、快速地运行。

（2）检测技术的应用

检测技术在交通运输管理系统中的运用包括两个方面：一是通过视频车辆检测仪可以对交通流量或特定交通事件进行检测。目前主流车辆检测器是车辆检测中最为主要的一个环节，它的主要工作原理如下：

① 把机械力检测线圈埋在道路上，然后通过开关接触点是否闭合，从而得知交通运输中车辆的运行情况；

② 运用超声波车辆检测器，这一技术运用的依据是超声波的传播原理，通过它感知前方是否有车辆通过，但这种测量方法容易受到环境的影响；

③ 视频车辆检测器也是交通运输管理中使用最多的检测方法。其原理主要是运用了图像识别技术、数字信号技术以及视频录制技术，通过对车辆行驶图像的不断采集，比较不同图像的地域差异，完成当前城市道路交通的检测。不仅如此，还能通过对空气中的雨、雾、冰雹、雪等物质的检测，引导

交通信号标识发生改变，从而实现能够在极其恶劣的天气环境下对车辆行驶过程中的交通管理；使用不同的环境检测技术来实现对驾驶环境的检测，驾驶员的酒精含量以及违章等方面的检查。酒精测量器、红灯监控器等可以用于检查驾驶员酒精含量和违法行为。

（3）人工智能技术的应用

将人工智能技术运用到交通系统中，建立复杂的数据处理系统，可以对道路环境、车辆行驶状况和行人进行有效的管理。目前，人工智能技术主要应用在交通道路中车辆管理方面，人工智能技术运用神经网络技术等有效地管理信号灯，减少重要路口的交通堵塞。引进智能交通系统，利用人工智能技术、网络通信技术、传感器技术、电子收费技术等，能够有效地提高交通运输过程中的管理水平，还能够促进交通运输的稳定运行。

3. 智能交通系统在交通运输管理中应用的意义

（1）有效提高交通运行效率

智能交通系统在交通管理中的应用促进了交通信息资源的共享和配置。相关研究显示，智能交通系统的合理应用不仅可以减少油耗，还可以缓解交通拥挤程度。一旦道路畅通无阻，不仅方便人们出行，也能改善人们的精神面貌。

GPS 在智能交通系统中有机地结合了卫星定位技术、智能识别技术、网络技术等多种现代信息技术，实现了汽车的多方面、全方位的感知。如汽车的燃料含量、超载情况、选择的行驶路线等方面，根据协议内容，可以对车辆进行全面监控。将各系统和信息数据互相交换，以便于对汽车进行管理、监视和定位，GPS 在智能交通系统中的耗油管理系统具有一定的应用价值。从发动机上直接获得的数据是通过高压轨道原理实现的，避免意外发生。当发生卖油或偷油等情况时，该系统会使车主随时查询耗油量并能够统计起来，方便车主对车的管理。

（2）减轻运输管理的负担

城市道路拥堵问题的日益突出对城市发展造成了一定的影响，将现代信息技术应用于交通运输管理中，能够对交通堵塞现象进行有效缓解。可以给人们在出行方式的选择上带来很大的便利，充分整合现代信息发展模式，不断通过信息化手段提高交通运输能力，培养交通信息化的专业人才，逐渐向智能化交通方向发展。

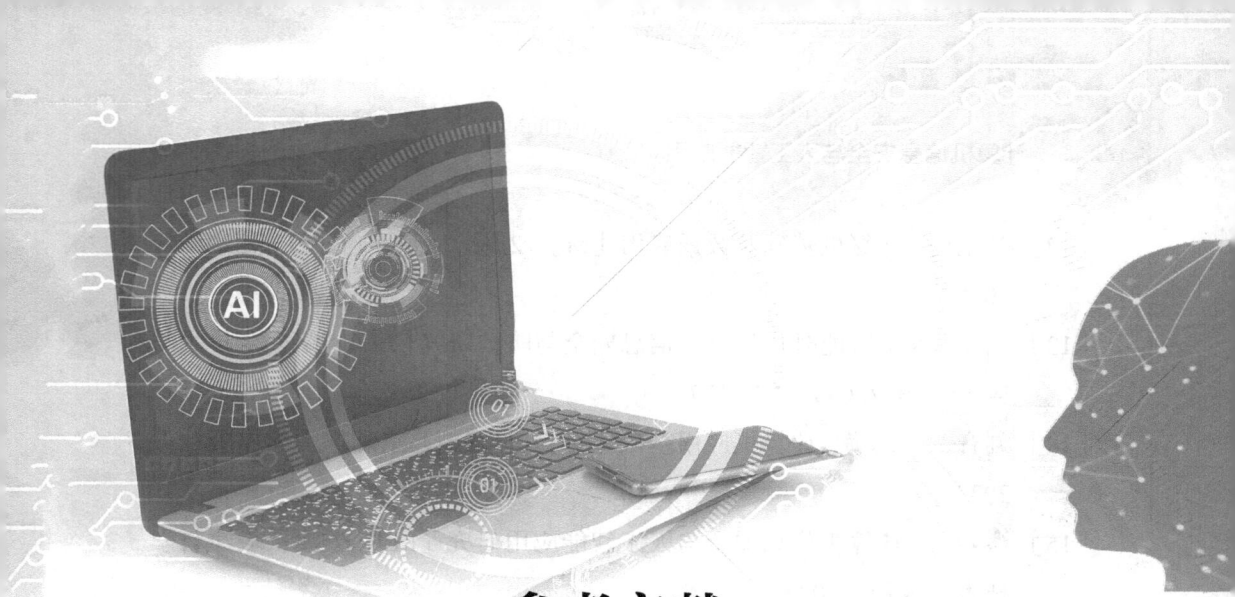

参考文献

［1］安仲源. 基于人工智能的计算机信息安全与防护研究［J］. 信息记录材料，2024，25（6）：161-163.

［2］薄智泉，徐亭. 智能与数据重构世界［M］. 北京：电子工业出版社，2020.

［3］陈海鹰. 人工智能与网络法治疑难问题研究［M］. 北京：法律出版社，2020.

［4］陈晓华，吴家富. 人工智能重塑世界［M］. 北京：人民邮电出版社，2019.

［5］方滨兴. 人工智能安全［M］. 北京：电子工业出版社，2020.

［6］甘博，王珊珊，邢海燕. 计算机应用基础［M］. 北京：北京理工大学出版社，2021.

［7］郭军，徐蔚然. 人工智能导论［M］. 北京：北京邮电大学出版社，2021.

［8］蒋云良，赵克勤. 人工智能集对分析［M］. 北京：科学出版社，2017.

［9］兰昆. 工业互联网信息安全技术［M］. 北京：电子工业出版社，2022.

［10］李进，谭毓安. 人工智能安全基础［M］. 北京：机械工业出版社，2023.

［11］刘刚，张杲峰，周庆国. 人工智能导论［M］. 北京：北京邮电大学出版社，2020.

［12］刘艳菊. 计算机基础及数据应用［M］. 2 版. 北京：电子工业出版社，2020.

［13］刘仪. 人工智能时代计算机信息安全与防护研究［J］. 网络安全技术与应用，2022（4）：175-177.

［14］刘音，王志海. 计算机应用基础［M］. 北京：北京邮电大学出版社，2020.

［15］缪际星. 计算机信息安全与人工智能应用研究［M］. 天津：天津科学技术出版社，2023.

［16］莫小泉，陈新生，王胜峰. 人工智能应用基础［M］. 北京：电子工业出版社，2021.

［17］聂军. 计算机导论［M］. 北京：北京理工大学出版社，2021.

［18］宁爱军，曹鉴华. 信息与智能科学导论［M］. 北京：人民邮电出版社，2019.

［19］童辛迪. 人工智能时代计算机信息安全与防护研究［J］. 科学与信息化，2024（19）：50-52.

［20］王志良. 机器智能：人工心理［M］. 北京：机械工业出版社，2017.

［21］魏敏. 基于人工智能的计算机网络信息安全防护模式研究［J］. 信息记录材料，2024，25（11）：130-132.

［22］肖建于，胡国亮. 大学计算机基础实践教程［M］. 北京：人民邮电出版社，2020.

［23］张逸琴，麦永豪，陈铿锵. 大学计算机应用基础信息化教程［M］. 北京：北京理工大学出版社，2018.

［24］赵晓波，尹明锂，喻衣鑫. 计算机应用基础实践教程［M］. 成都：电子科技大学出版社，2019.

［25］赵学军，武岳，刘振唅. 计算机技术与人工智能基础［M］. 北京：北京邮电大学出版社，2020.

［26］朱新忠. 星载嵌入式计算机技术与应用［M］. 上海：上海科学技术出版社，2023.